ESCARGOTS

CRIAÇÃO DOMÉSTICA E COMERCIAL

2ª EDIÇÃO REVISTA

MÁRCIO INFANTE VIEIRA

Médico Veterinário
Fundador e 1º Presidente da Associação Fluminense de Cunicultura
Membro do Centro de Estudos de Informação e Extensão Agrícola
Conselheiro do Alto Conselho Agrícola do Estado de São Paulo
Assistente da Divisão de Medicina Veterinária do Instituto Vital Brasil
Membro do Conselho de Agricultura do Estado do Rio de Janeiro
Fiscal da Carteira Agrícola do Banco do Brasil
Coordenador Técnico do Banco Central do Brasil
Presidente da Associação Brasileira de Criadores de Coelhos
Credenciado pelo Ministério da Agricultura

ESCARGOTS

CRIAÇÃO DOMÉSTICA E COMERCIAL

2ª EDIÇÃO REVISTA

LIPEL

ESCARGOTS
CRIAÇÃO DOMÉSTICA E COMERCIAL
MÁRCIO INFANTE VIEIRA

2ª Edição Revista - 2004

Supervisão Editorial: *Jair Lot Vieira*
Editor: *Alexandre Rudyard Benevides*
Capa: *Equipe Edipro*
Fotos: *Dr. Carlos Alberto da Fonseca Funcia*
Revisão: *Ricardo Virando*
Digitação: *Richard Rett*

Dados de Catalogação na Fonte (CIP) Internacional
(Câmara Brasileira do Livro, SP, Brasil)

Vieira, Márcio Infante, 1922-
    Escargots : criação doméstica e comercial / Márcio Infante Vieira - Bauru, SP: LIPEL, 2ª ed. rev., 2004 (Série Agrobusiness)

    ISBN 85-89988-01-5

    1. Caracóis comestíveis 2. Caracóis comestíveis – Criação I. Título. II. Série.

03-7356   CDD-639.483

Índices para catálogo sistemático:
1. Caracóis comestíveis : Criação : 639.483
2. Caracóis comestíveis : Produção comercial : Zootecnia : 639.483
3. "Escargots" : Criação : 639.483

LIPEL - LIVRO E PAPEL LTDA.

BAURU : Rua 1º de Agosto, 2-61 - Centro - CEP 17010-011
FONE (14) 3232-6233 - FAX (14) 3232-4412

RIBEIRÃO PRETO: Rua Santos Dumont, 721 - Vila Tibério - CEP 14050-060
FONE (16) 636-3183 - FAX (16) 636-3844

SÃO PAULO: Rua Conde de São Joaquim, 332 - Liberdade - CEP 01320-010
FONE (11) 3107-4788 - FAX (11) 3107-0061

edipro@uol.com.br

SUMÁRIO

INTRODUÇÃO 13

CAPÍTULO 1
OS MOLUSCOS 15
    1.1. Malacologia 15
    1.2. Conquiliologia 15
    1.3. Caramujos – Caracóis – Lesmas 18

CAPÍTULO 2
CLASSIFICAÇÃO DOS MOLUSCOS 19

CAPÍTULO 3
ANATOMIA 21
    3.1. Tegumento 21
    3.2. Divisão do corpo 23
        Cabeça 24
        Pé 24
        Conha 25
        Estrutura da conha 25
    3.3. O *Helix* 26

3.4. Aparelho digestivo 29
3.5. Aparelho respiratório 31
3.6. Aparelho circulatório 31
3.7. Aparelho excretor ou urinário 33
3.8. Sistema nervoso 33
3.9. Os sentidos e seus órgãos 35
3.10. Aparelho reprodutor 35

CAPÍTULO 4
FISIOLOGIA 39
4.1. Circulação 39
4.2. Respiração 40
4.3. Excreção 40
4.4. Os sentidos 40
4.5. Tato 41
4.6. Audição 41
4.7. Gosto 41
4.8. Nutrição e digestação 42
4.9. Digestão 42
4.10. Hibernação 43
4.11. Operculação 44
4.12. Fim de hibernação 45

CAPÍTULO 5
DIFERENÇAS ENTRE DIVERSOS ESCARGOTS 47
5.1. *Helix pomatia* (*burgogne*) 47
5.2. *Helix aspersa* (*Petit gris*) 47
5.3. *Helix aspersa maxima* 47
5.4. *Helix lucorum* (turco) 48
5.5. *Helix adanensis* (de adana) 48
5.6. *Helix cincta* 48
5.7. Diferenças internas dos *escargots* 48
5.8. Rádula 48

5.9. Aparelho reprodutor 49
5.10. Resumo das diferenças 49

CAPÍTULO 6
OS ESCARGOTS MAIS CONSUMIDOS ATUALMENTE 51

CAPÍTULO 7
A PRODUÇÃO DE ESCARGOTS 53

CAPÍTULO 8
TIPOS DE CRIAÇÃO 55
8.1. Quanto ao tipo 55
8.2. Quanto ao volume 55
8.3. Fatores a serem levados em consideração 56

CAPÍTULO 9
ESCOLHA DO ESCARGOT PARA A CRIAÇÃO 57
9.1. *Helix pomatia* 58
9.2. *Helix aspersa* 58
9.3. *Achatina monochromatica* 59

CAPÍTULO 10
SISTEMAS DE CRIAÇÃO 61
10.1. Extensivo ou em liberdade 61
10.2. Intensivo, confinado ou racional 62
   a) Criações ao ar livre 62
   b) Criações em galpão 62

CAPÍTULO 11
A IMPLANTAÇÃO DO HELIÁRIO 63
11.1. Generalidades 63
11.2. Fator legal 63
11.3. Clima 63

SUMÁRIO

    11.4. Temperatura 64
    11.5. Regime pluviométrico 64
    11.6. Umidade 64
    11.7. Ventos 66
    11.8. O ar 66
    11.9. A luz 66
    11.10. A água 67
    11.11. Alimentação 67
    11.12. Poluição 67
    11.13. Altitude 67
    11.14. Matas 68
    11.15. Terreno 68
    11.16. Possibilidades de mercados 68

CAPÍTULO 12
CONTROLE E REGISTRO NO HELIÁRIO 69
    12.1. Fichas para controle de lote e fichas individuais 69

CAPÍTULO 13
MÉTODOS DE IDENTIFICAÇÃO 71
    13.1. Marcação à tinta 71
    13.2. Etiqueta adesiva 71
    13.3. Cor 71
    13.4. Método misto 72

CAPÍTULO 14
INSTALAÇÕES 73
    14.1. Generalidades 73
    14.2. Tipos de instalações 74
    14.3. Número de *escargots* por metro quadrado 76
    14.4. Área ou tamanho dos parques 77
    14.5. Parques para o *Petit gris* 78
    14.6. Solo 79
    14.7. Cercas 79

14.8. Redes ou telas de cobertura 82
14.9. Mania de escalar ou de fugir 82
14.10. Fosso de água 83
14.11. Dispositivos antifuga 83
    14.11.1. Dispositivo antifuga mecânico 83
    14.11.2. Dispositivos antifuga elétricos 83
14.12. A água e sua distribuição 84
14.13. Material empregado no heliário 85
14.14. Passagens ou corredores de serviço dentro dos parques 86
14.15. Comedouros 86
14.16. Bebedouros 88
    14.16.1. Bebedouro de nível constante 88
    14.16.2. Bebedouro tipo gota-a-gota 88
14.17. Mangedouras 89

CAPÍTULO 15
CRIAÇÃO EM GALPÕES 91
15.1. Generalidades 91
15.2. As construções 95
    15.2.1. Galpões fechados 95
    15.2.2. Galpões abertos 96
15.3. Capacidade 96
15.4. Ampliação 96
15.5. Materiais 97
15.6. Coberturas 97
15.7. Estrutura ou engradamento das coberturas 100
15.8. Tipos ou perfis dos telhados 100
15.9. Colunas de sustentação ou esteios 100
15.10. Alicerces 101
15.11. Paredes 101
15.12. Pisos 101
15.13. Portas 101
15.14. Corredores 101
15.15. Temperatura no galpão 101

15.16. Controle da temperatura 102
15.17. Ventilação e aeração 105
15.18. Umidade 105
15.19. Iluminação 105
15.20. A terra 107
15.21. Estufas 107

Capítulo 16
A REPRODUÇÃO DE ESCARGOTS 109
16.1. Seleção 110
16.2. Época dos acasalamentos ou da reprodução 111
16.3. Idade para a reprodução 111
16.4. Acasalamento 111
16.5. Fecundação 112
16.6. Postura 114
16.7. Os ovos 115
16.8. Número de ovos 115
16.9. Incubação 115
16.10. Eclosão 116
16.11. Fecundidade, fertilidade e prolificidade 116
16.12. Crescimento ou desenvolvimento 117
16.13. Fator animal 118
16.14. Fator ambiente 118
16.15. Fator alimentação – Conversão alimentar 118

Capítulo 17
MANEJO PARA A REPRODUÇÃO 119
17.1. Reprodutores 119
17.2. Coleta dos ovos 120
17.3. Incubadora ou chocadeira 120
17.4. Bandejas de postura 120
17.5. Painéis de coleta 120
17.6. Criadeiras 121

CAPÍTULO 18
ALIMENTAÇÃO 123
    18.1. Os alimentos para os *escargots* 124
    18.2. Ração 124
        a) Ração de manutenção, conservação ou fisiológica 125
        b) Ração de produção ou industrial 125
    18.3. Alimentação prática dos *escargots* 126
    18.4. Obtenção do verde 126
    18.5. Os concentrados 127
    18.6. Alimentos aromáticos 128
    18.7. Plantas venenosas ou tóxicas 128
    18.8. Distribuição dos alimentos 128

CAPÍTULO 19
PREDADORES E COMPETIDORES 131
    19.1. Predadores 131
        19.1.1. Répteis 131
        19.1.2. Anfíbios 132
        19.1.3. Aves 132
        19.1.4. Mamíferos 132
        19.1.5. Insetos 132
    19.2. Competidores 132
        19.2.1. Mamíferos 133
        19.2.2. Insetos 133
        19.2.3. Aves 133
        19.2.4. Moluscos 133

CAPÍTULO 20
PREVENÇÃO E HIGIÊNE 135
    20.1. Limpeza 135
    20.2. Desinfestação ou esterilização 136

CAPÍTULO 21
ALGUMAS DOENÇAS DOS ESCARGOTS 139
    21.1. Pseudomonose 139
    21.2. Doença da postura rosa 140
    21.3. Parasitoses e parasitas 140
    21.4. Vermes – Trematóides 140
    21.5. Nematóides 141
    21.6. Ácaros 141
    21.7. Dípteros 141

CAPÍTULO 22
A COMERCIALIZAÇÃO DOS ESCARGOTS 143
    22.1. Formas de comercialização 143
    22.2. Compradores para *escargots* no Brasil 144

CAPÍTULO 23
A CARNE DOS ESCARGOTS 145
    23.1. Como preparar *escargots* para consumo 146
    23.2. Como cozinhar os *escargots* 146
    23.3. Como preparar os *escargots* para a venda – "na manteiga" ... 147
    23.4. *Petit gris* ao molho 147
    23.5. Rendimento líquido de carne 148

ÍNDICE ALFABÉTICO-REMISSIVO DAS FOTOS E ILUSTRAÇÕES 149

ÍNDICE ALFABÉTICO-REMISSIVO 153

INTRODUÇÃO

O consumo de *escargots*, pelo homem, vem ocorrendo desde a mais remota antigüidade acompanhando, provavelmente, a origem da humanidade, como o comprovam os achados arqueológicos como os grandes montes de cascas ou conchas de *escargots* encontrados nas cavernas dos homens pré-históricos.

Séculos mais tarde, a Bíblia considerou o *escargot* como uma carne impura e, portanto, proibida. Segundo alguns autores, isso ocorreu porque os gregos e romanos a consumiam e apreciavam, principalmente as classes nobres. Cremos, no entanto, que tal fato nada mais seja do que a maneira de evitar que as populações consumissem, também, caramujos nocivos à saúde humana.

Três séculos antes de Cristo, Aristóteles, além de escrever sobre os *escargots* e descrevê-los muito bem, ainda descreve um instrumento ou talher terminando por uma ponta e que pode ser considerado como o ancestral do atual garfo especial para comer *escargots*.

Também Plínio escreve sobre os *escargots* entre os romanos, seus grandes apreciadores e faz referência especial a Fulvius Lippinus como um especialista nesses gastrópodos citando, inclusive, que ele prefiria os *escargots* brancos da Illiria, espécie esta muito semelhante aos atuais *escargots Bourgogne*.

Embora muitos acreditem que a criação de *escargots* seja uma atividade moderna, ela já existe há mais de 2.000 anos, pois encontramos referências a essa criação, 300 anos antes do nascimento de Jesus Cristo.

INTRODUÇÃO

A criação racional de *escargots* é denominada *helicicultura*, palavra derivada de *Helix*, ou seja, do gênero dos *escargots* mais criados, atualmente, em cativeiro.

Heliário é o conjunto do terreno, de todas as instalações e dos *escargots* aí criados. É um neologismo que estamos lançando e que pretendemos ser o mais indicado em relação à *helicicultura*.

Embora, há alguns anos, os *escargots* venham sendo criados no Brasil, as criações possuíam um cunho mais esportivo do que comercial.

Atualmente, no entanto, começaram a surgir as criações comerciais de *escargots*, em vários estados brasileiros, entre os quais São Paulo, Rio de Janeiro e Paraná.

Parece que o brasileiro descobriu o *escargot* como um bom e lucrativo negócio.

O interesse pela criação desses moluscos vem aumentando bastante e de maneira bastante rápida.

Pelos motivos expostos anteriormente e porque desejamos colaborar para o desenvolvimento dessa nova atividade que podemos chamar de pecuária, é que escrevemos o presente trabalho que, esperamos, trará uma boa orientação sobre o assunto.

Cremos que será de utilidade para médicos veterinários, engenheiros agrônomos, zootecnistas, zoólogos, técnicos e práticos rurais, criadores e todos os que pretendam iniciar uma helicicultura, bem como para aqueles que se interessam ou gostam de zoologia e biologia.

O Autor

Capítulo 1
Os Moluscos

Os moluscos (latim, *mollis*, mole), são metazoários de corpo mole, não segmentado, viscoso, sem membros articulados, formado por uma cabeça anterior, pé ventral e tronco ou massa visceral dorsal.

1.1. MALACOLOGIA

Malacologia é a ciência que estuda os moluscos.

Possuem, em geral, uma concha calcárea, interna ou externa, univalve ou bivalve, secretada pelo manto dorsal. O seu corpo pode ser mais ou menos coberto por um manto carnoso e fino.

1.2. CONQUILIOLOGIA

Existe uma ciência, a *conquiliologia*, que estuda as conchas, principalmente dos moluscos.

Em sua maior parte, os moluscos são marinhos, vivendo nas praias e nas águas, presos a rochedos e a corpos submersos. Vivem desde a superfície até profundidades de 10.000m.

Existem os que vivem na água salobra, na água doce e ainda, os terrestres. Alguns vivem livres e nadam nas águas em que se encontram.

Há mais de 62.000 espécies de moluscos viventes e mais de 40.000 encontrados como fósseis.

Helix pomatia ou *Bourgogne*

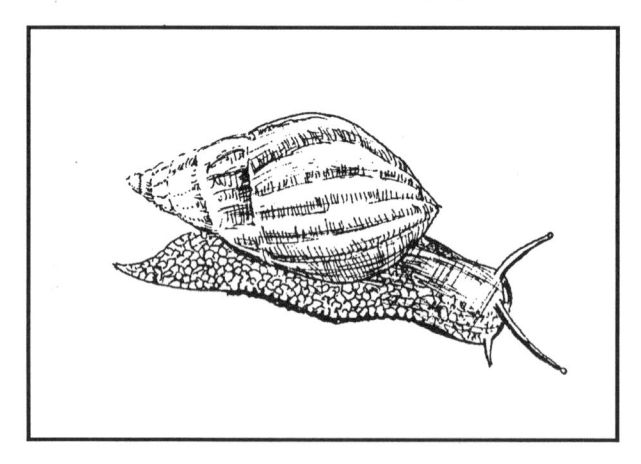

Achatina fulica ou *escargot chinês*

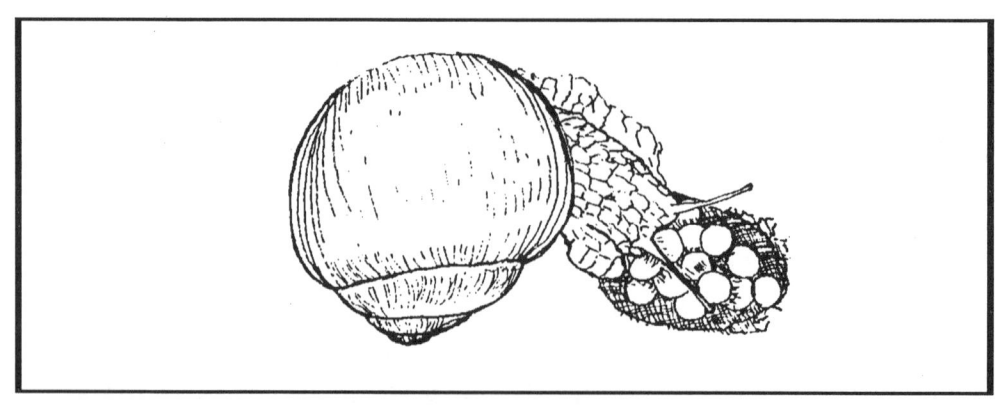

Escargot durante a postura

Ninho em copo de vidro (ovos de Helix sp)

Escargot visto sobre vidro

1.3. CARAMUJOS – CARACÓIS – LESMAS

Os moluscos sem concha são denominados *lesmas*, que também podem ser marinhos ou terrestres. Muitas delas se alimentam de plantas cultivadas e podem se tornar verdadeiras pragas, principalmente em hortas e jardins.

Os moluscos de concha, marinhos e de águas doces, são chamados *caramujos* e os terrestres, *caracóis*.

São, na maioria, animais de vida livre. Os terrestres, embora possuam movimentos limitados, rastejam lentamente pelo chão, deixando um rastro por onde passam, produzido por uma substância viscosa (baba) que eles secretam.

Portanto, os *escargots* ou caracóis comestíveis são moluscos.

Adotamos, neste nosso trabalho, o termo *escargot,* que quer dizer *caracol*, em francês, porque é esse o termo adotado em todos os restaurantes do mundo, inclusive no Brasil.

Gros-gris visto de cima

Capítulo 2
Classificação dos Moluscos

Os moluscos ou representantes do *Phyllum Mollusca* estão distribuídos em mais de 62.000 espécies viventes e mais de 40.000 cujos fósseis vêm sendo encontrados através dos tempos.

São agrupados em 6 classes:

— *Monoplacophora* – neopilina;

— *Amphineura* – quitons;

— *Scaphopoda* – dentálios;

— *Gastropoda* – caramujos, caracóis e lesmas;

— *Pelecypoda* – mariscos, ostras, mexilhões e outros bivalvos;

— *Cephalopoda* – polvos, lulas e náutilus.

Como o objetivo do presente trabalho é a criação do *escargot*, um *Gastropoda* daremos, a seguir, a classificação dos caracóis ou *escargots*.

Filo ou Phyllum	Mollusca
Classe 4	Gastropoda
Subclasse 3	Pulmonata
Ordem 1	Stylommatophora
Superfamília	Helicacea
Família	Helicidae
Gênero	Helix
Espécie	Pomatia; Aspersa e outras
Nome	Caracol (*escargot*)

Os moluscos que apresentam maior importância são os que podem ser empregados para a alimentação humana, como os polvos, ostras, mexilhões, etc., entre os marinhos e alguns caracóis, entre os terrestres.

O objetivo desse nosso trabalho é o de, justamente, tratar da criação de alguns moluscos comestíveis, os *escargots*, ou seja, moluscos da Classe 4 – Gastropoda.

As principais espécies comestíveis e comerciáveis de *escargots* são as que se seguem:

Helix pomatia Linné	gros blanc; *escargot* de bourgogne; helice vigneronne
Helix aspersa Müller	petit gris; cagonille; chagriné
Helix aspersa máxima Taylor	gros-gris
Helix cincta Müller	*escargot* de Vénétie
Helix adanensis Kobelt	*escargot* de Adana
Helix locorum Linné	*escargot* turco

Além das espécies mencionadas anteriormente, temos o *Achatina fulica*, conhecido popularmente por *achatina* ou *chinês*, de grande aceitação no mercado e bastante importado pela França e o *achatina monochromatica*.

Existem, no Brasil, alguns caracóis comestíveis, bastante apreciados, não só pelas populações do interior mais também por muita gente que se considera de paladar refinado.

Entre eles temos o *Strophocheilus ovatus* (bulimo), que chega a alcançar 15 cm de comprimento, sendo o maior caracol terrestre existente e que só é ultrapassado, em tamanho, pelo *Achatina*, que não existe no Brasil mas que é muito comum na China.

Um dos *achatinas* mais utilizados na alimentação e comercializados atualmente, tem a seguinte classificação:

Família	Achatinidae
Gênero	Achatina
Espécie	Fulica
Nome	Achatina; Achatine Foulque; Chinês

O outro é o *achatina monochromatica*.

Capítulo 3
ANATOMIA

O corpo dos gastropodos (gr. *Gaster*, ventre + *podos*, pé), se divide em cabeça, pé e tronco ou massa visceral.

3.1. TEGUMENTO

Os gastrópodos possuem uma pele ou tegumento mole ou epitélio mucoso, ligado intimamente a uma camada muscular vizinha.

Essa epiderme ou tegumento recobre o corpo do *escargot* em todas as suas partes carnosas expostas, ou seja, a sua parte externa.

Além de servir de revestimento, o tegumento possui um grande número de células glandulares. Algumas secretam um muco bastante viscoso conhecido por "baba" ou "gosma". Esse muco recobre todo o corpo do molusco, mantendo-o sempre úmido, protege a sua pele do ataque de insetos e de ferimentos contra superfícies ásperas ou cortantes e facilita o seu deslizamento sobre superfícies irregulares ou muito secas chegando, mesmo, a formar uma trilha com o seu rastro liso e brilhante.

Esse tegumento tem, também, um importante papel, não só na formação, mas também nos reparos necessários, quando a concha sofre algum dano como cortes, ruturas, etc., ou quando o animal sente necessidade de reforçá-la.

Também o "opérculo" e o epifragma são por ele produzidos.

Outra substância elaborada pelas células glandulares do tegumento é a *conchiolina*, também empregada nos "consertos" da concha e na formação do opérculo ou do epifragma.

O tegumento tem uma função respiratória, pois esses animais possuem uma respiração cutânea. Apresenta os poros, pelos quais é feito o controle da umidade corporal desses moluscos.

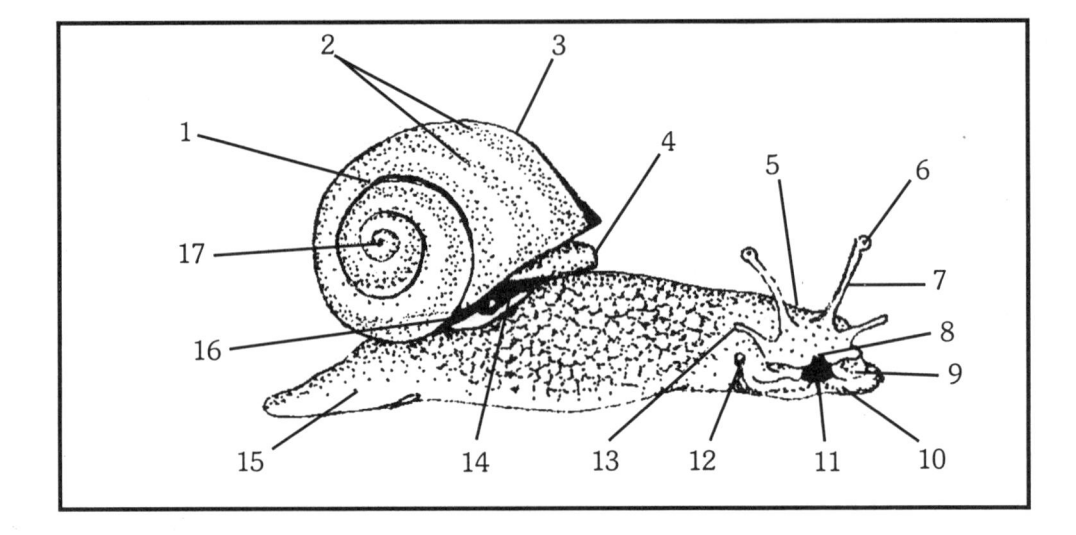

Exterior de um escargot:
1 – espiral; 2 – linha de crescimento; 3 – concha; 4 – borda do manto;
5 – cabeça; 6 – olho; 7 – tentáculo ocular (posterior); 8 – lábio superior;
9 – lábio lateral; 10 – lábio inferior; 11 – boca; 12 – poro ou orifício genital;
13 – tentáculo táctil (anterior); 14 – pneumostoma; 15 – pé; 16 – ânus;
17 – ápice da concha.

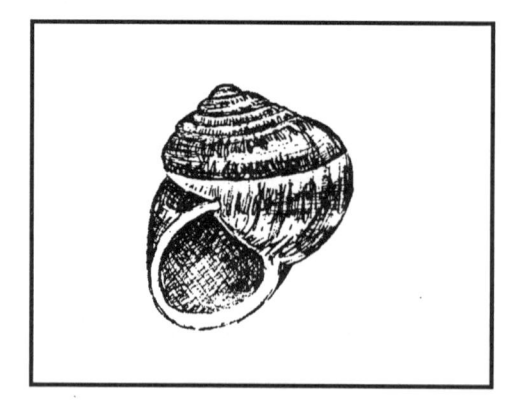

Concha de *Helix lucorum*
ou *escargot* turco

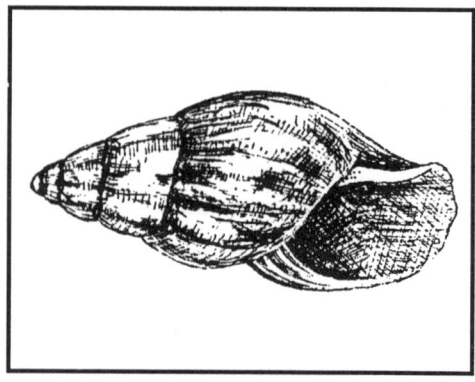

Concha de *Achatina fulica*
ou *escargot* chinês

ANATOMIA

```
1 concha
    3 - periostraca
    4 - camada prismática
    5 - camada nacarada
2 manto
    6 - epitélio externo
    7 - epitélio interno
```

Estrutura da concha e do manto

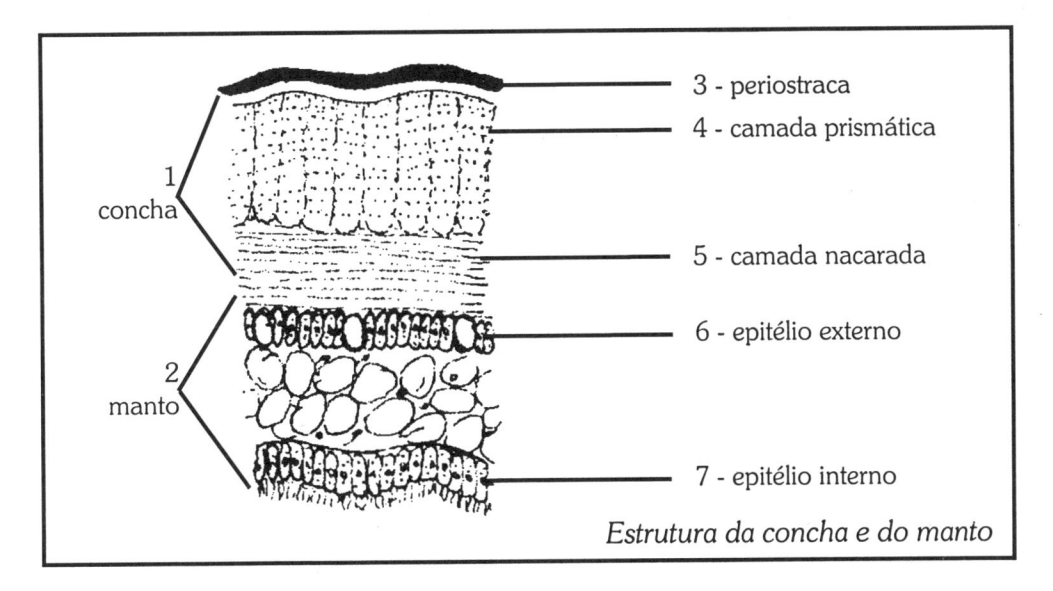

A parte do tegumento que recobre as vísceras é uma camada fina que se denominada *manto* ou *pallium*, variando de tamanho e de estrutura.

É o manto que dá origem à formação da concha e de uma prega que, aumentando progressivamente, vai formando uma cavidade denominada *paleal*, cuja importância é grande na vida desses moluscos. O fundo dessa cavidade fica muito vascularizada (veias e artérias), formando o *pulmão*.

Nos gastrópodos e outros moluscos terrestres, a fenda de comunicação da cavidade paleal com o exterior fica mais estreita, evitando assim, uma evaporação excessiva e formando o *pneumostoma* que é um orifício que se denomina *poro respiratório*, pois a cavidade paleal, como já o mencionamos, foi transformada em uma espécie de pulmão. É nessa cavidade que terminam, também, o tubo digestivo e os órgãos excretores.

O manto reveste a concha, na sua parte interna e circunda as vísceras.

3.2. DIVISÃO DO CORPO

Como já o mencionamos, o corpo dos gastrópodos se divide em *cabeça*, *pé* e *tronco* ou *massa visceral*.

Como padrão para esses estudos, apresentaremos o *Helix aspersa*, o mais comum e um dos mais apreciados *escargots*, conhecido na França, como *Petit gris*.

• **Cabeça.** Esse *escargot* possui uma cabeça carnuda bem distinta e na qual podemos encontrar as partes e os órgãos a seguir:

— *2 pares de tentáculos* telescópicos e retráteis, pois o animal os pode encolher quando o deseja. Os posteriores são maiores, mais compridos e mais grossos. Na extremidade de cada um deles, se acha localizado um *olho* sendo, por isso, chamados de *tentáculos oculares*. Os 2 tentáculos anteriores, menores, são os tentáculos tácteis.

— *Boca*. Fica situada no centro da parte anterior e ventral da cabeça. É rodeada pelos palpos labiais ou lábios e tem, na parte superior, a mandíbula córnea.

Do lado direito da cabeça, pouco atrás da boca, encontramos uma abertura, que é o *orifício ou poro genital*.

Não possui orelhas ou ouvidos, mas apenas *otocistos* que são órgãos auditivos que servem, também, para controlar o equilíbrio do animal.

A cabeça está ligada diretamente ao tronco, ou melhor, ao pé, sobre o qual encontramos acoplada a concha, dentro da qual se encontra toda a massa visceral ou as vísceras do animal.

Sobressaindo da concha, vemos a *borda do manto* que, nessa região, se encontra bastante espessado sendo, por isso, denominado *almofada paleal*.

No lado direito, na região da *almofada paleal*, ou seja, na borda do manto, encontramos o *ânus*, o *poro respiratório ou pneumostoma* e, localizado entre os dois, o pequeno *orifício urinário*.

— *Glândula pedal*. Fica situada logo abaixo da boca. É a responsável pela produção de uma substância mucosa, a "*baba*", destinada a facilitar o deslizamento do animal quando "anda", principalmente sobre superfícies ásperas ou muito secas.

• **Pé.** É o ponto de apoio do molusco sobre o solo. É um órgão especial destinado à locomoção do animal. Muito forte e musculoso, é considerado como uma modificação da face ventral. É comprido e se estende tanto para trás quanto para a frente da concha. Liga-se, em sua parte anterior, com a cabeça.

A face inferior ou ventral do pé é achatada, formando uma verdadeira sola ou região plantar, com a qual o molusco vai se deslocando com movimentos de reptação (rastejando), movido por movimentos rítmicos e sucessivos. O pé vai formando "ondas" no sentido de trás para diante, fazendo com que a cabeça avance para a frente. A parte anterior do pé se firma no solo e o corpo é todo arrastado para a frente.

Um *escargot* "anda", em média, 5 a 8cm por minuto ou 3 a 4,8m por hora, em uma superfície regular e lisa.

A baba ou substância mucosa é secretada e nas quantidades necessárias, pela glândula pedal e, além de facilitar o rastejamento do animal, ainda deixa um rastro bem visível por onde ele passa.

• **Concha.** É um tubo calcáreo cônico, globuloso e em espiral, ao redor de um eixo sendo, em geral, enrolada para a direita. É um dos órgãos mais importantes e mais característicos dos moluscos pois eles, em sua maioria, a possuem. A concha serve, inclusive, como um dos elementos para a sua classificação.

Nos gastrópodos ela é univalve, de natureza calcárea, formada por carbonato de cálcio e revestida, externamente, por um periostraco córneo.

É secretada pelo manto e suas voltas mais antigas formam a parte mais alta da concha, denominada *ápice*. As voltas vão se unindo umas às outras, por um sulco denominado *sutura*. É na última volta, na parte mais alargada da concha, que encontramos a sua abertura denominada *peristoma*.

As bordas ou margens do peristoma ou abertura da concha são reviradas de dentro para fora formando os *lábios*. Quando lisos e contínuos, eles são denominados *holóstomos*, característicos dos pulmonados.

As paredes da concha são dirigidas para um eixo central, se fundem formando um fuso ou eixo oco e resistente denominado *columela*, que vai desde o ápice até uma depressão situada abaixo do peristoma. A columela possui a mesma estrutura calcárea do resto da concha.

A concha fica aderente à massa visceral, mas deixa livres o pé e a cabeça do molusco. Este, no entanto, pode se abrigar inteiramente dentro dela, bastando que se contraia ou encolha. Essa contração é possível devido a um músculo retrator denominado *músculo columelar*, inserido na columela e que se contrai quando o animal "quer entrar em casa" pois, no dito popular, "o caracol é um animal que leva a sua casa nas costas". A concha apresenta, paralelas a seu eixo, estrias de crescimento correspondendo ao caminho ou posições sucessivas tomadas pela sua borda, durante o crescimento.

Além dessas estrias, as conchas apresentam, também, faixas ou listas coloridas transversais, longitudinais ou verticais.

• ***A Estrutura da Concha.*** A concha dos caracóis é formada por 3 camadas bem diversas, todas secretadas pelo manto e que são, de fora para dentro, as seguintes:

1ª) camada externa, cutícula ou perióstraco, muito fina, que varia muito nas cores e formada por conchiolina, matéria orgânica elaborada pelas células glandulares existentes no sulco externo da borda do manto;

2ª) média, testa ou ostracum, compreendendo a região marginal da borda do manto, é formada por prismas ou cristais calcáreos sob a forma de aragonita. As disposições desses prismas é que formam as faixas transversais e longitudinais;

3ª) interna, hypostracum, camada lamelar ou nacarada, cuja estrutura é composta por lâminas superpostas, alternadamente, uma de natureza calcárea, de carbonato de cálcio, constituída por prismas oblíquos em relação à superfície da concha e outra lâmina, de natureza orgânica, composta por matéria especial denominada conchionila.

Quando essas lâminas são bem finas, a concha toma um aspecto nacarado e quando são mais espessas, ela apresenta-se, em geral, bege ou branca.

A umidade faz com que a concha escureça e fique mais fraca, enquanto que o tempo seco, com uma baixa umidade relativa do ar, faz com que ela se torne mais clara e mais grossa.

Como a concha é composta de 98 a 99% de sais minerais, é necessário que os *escargots* recebam as doses ou quantidades de que necessitam, desses elementos, principalmente cálcio e fósforo. Devem, por isso, receber uma alimentação que lhes proporcione esses elementos em quantidades satisfatórias.

O crescimento da concha, em comprimento, é controlado pela borda do manto, enquanto que, o restante do manto é o responsável pelo desenvolvimento da concha em sua espessura. Quando, no entanto, a concha se danifica em qualquer lugar, "o conserto" é feito pela parte do manto que estiver mais próxima. Ele secreta, primeiro, a membrana e depois as capas internas. Em 15 dias, mais ou menos, o reparo está pronto, de acordo com a extensão do dano.

O papel protetor da concha, principalmente no inverno, é dos mais importantes e, além disso, ainda há uma secreção especial e a formação do opérculo calcáreo, vedando a abertura da concha do *Bourgogne* ou de um epifragma, no *Petit gris*.

3.3. O *HELIX*

Como tomamos o *Helix* como base para esse nosso trabalho vamos dar, a seguir, algumas informações sobre esse molusco.

ANATOMIA

Helicicultura é, como já o mencionamos, a criação racional de *escargots* e esse termo se origina justamente de *Helix*.

Esse molusco possui uma vida muito mais ativa e intensa durante a noite, embora possa aparecer, também, durante o dia, principalmente quando se trata de um dia úmido, com a umidade relativa do ar bem elevada, pois esse índice, para o *escargot*, deve ser de 86% ou mais.

Esse hábito se relaciona ao fato de que esse molusco não possui mecanismos de proteção contra a desidratação, sendo a ela muito sujeito, o que o obriga a fugir dos raios caloríficos do sol, do calor e de uma falta excessiva de umidade, quando o tempo é muito seco.

Assim sendo, o *Helix* passa os dias embaixo de pedras, em fendas ou buracos, debaixo de montes de folhas ou gravetos, em lugares úmidos, etc., além de ficar todo recolhido dentro de sua concha, quando o tempo é muito seco ou as condições são adversas.

Naturalmente, essas situações ocorrem principalmente quando o *escargot* se encontra em seu ambiente natural pois, nas criações, são a ele proporcionadas condições as mais favoráveis, o que faz com que chegue até a alterar os seus hábitos.

Quando o tempo é muito seco, ele produz uma substância formada de muco e de cálcio, fechando com ela a abertura da concha e evitando, dessa maneira, a sua desidratação. Essa tampa é denominada *epifragma* no *Helix aspersa* e *opérculo*, no *Helix pomatia*.

O Helix "anda" ou se locomove rastejando lentamente através de ondas provocadas pela ação dos músculos na superfície do lado ventral do pé.

Além disso, e para facilitar o seu deslocamento, o *Helix* possui uma *glândula pedal* logo abaixo da boca e que secreta uma substância mucosa escorregadia que vai sendo lançada sobre o solo, facilitando o deslizamento do animal sobre ele e, ao mesmo tempo, o protege das asperezas do terreno. É por isso que os caracóis, quando "andam", vão deixando um rastro por onde passam.

Sua *alimentação* consta de vegetação verde, que é apreendida pelas mandíbulas, triturada ou melhor, ralada pela rádula e umedecida pelas secreções salivares.

É devido ao seu regime alimentar, pois são fitófagos (comedores de vegetais) que os *escargots* podem se tornar uma praga quando, em grande número, atacam jardins, hortas, pomares ou outras plantações, para se alimentarem, inclusive de folhas de árvores.

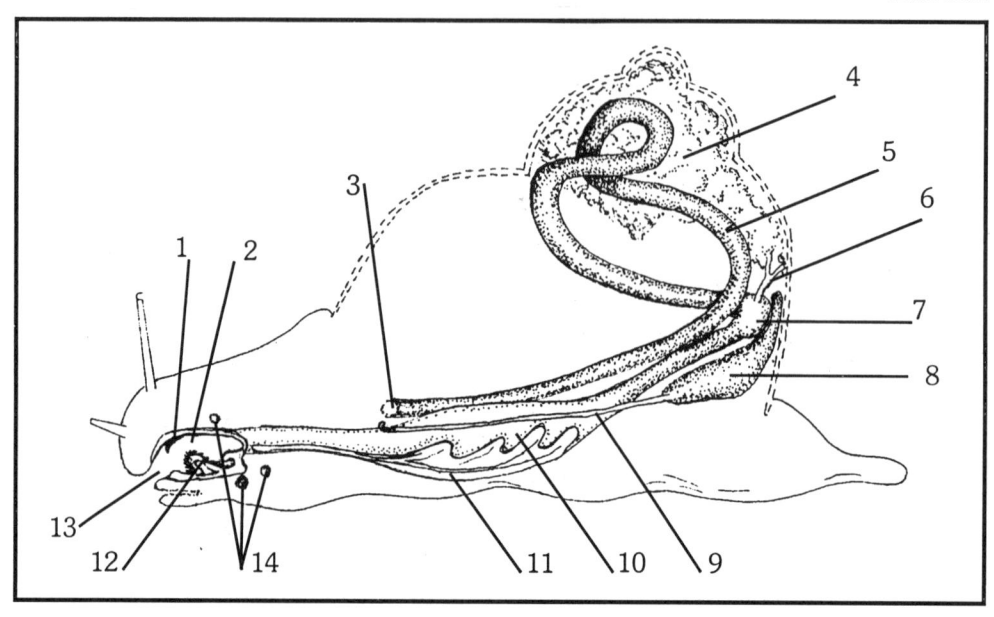

Aparelhos Digestivo e Urinário: 1 - mandíbula; 2 - faringe; 3 ânus; 4 - fígado; 5 - intestino; 6 - ducto do fígado; 7 - estômago; 8 - rim; 9 - canal excretor; 10 - papo; 11 - glândula salivar; 12 - rádula; 13 - boca.
Sistema Nervoso: 14 - gânglios.

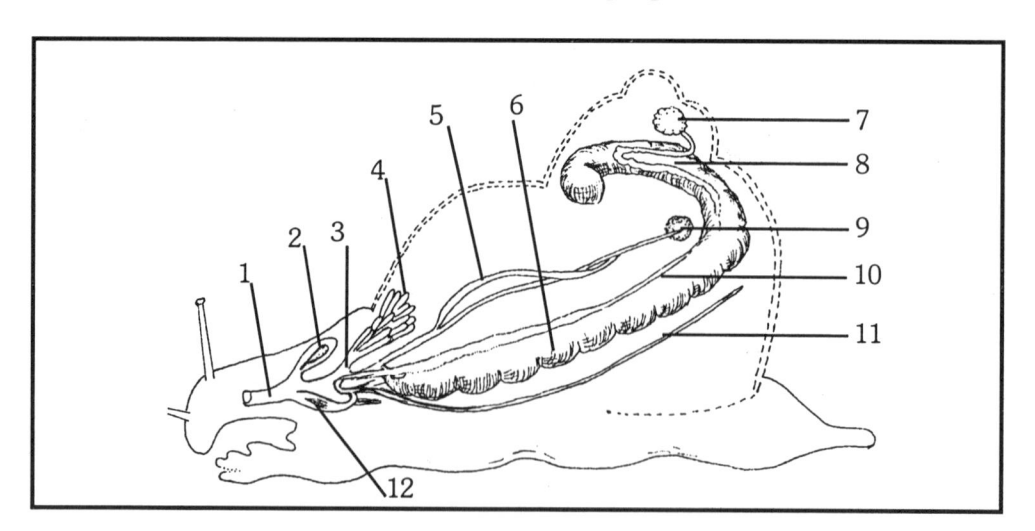

Aparelho Reprodutor:
1 - átrio genital; 2 - saco ou dardo com o dardo em seu interior; 3 - vagina; 4 - glândulas multífidas ou digitadas; 5 - divertículo; 6 - oviduto; 7 - gônada hermafrodita; 8 - glândula albuminífera; 9 - receptáculo seminal; 10 - duto deferente; 11 - flagelo; 12 - pênis.

3.4. APARELHO DIGESTIVO

Os *escargots* possuem um tubo digestivo separado da cavidade ou celoma, com paredes próprias e aberto nas duas extremidades, ou seja, boca e ânus. Faz circunvoluções e uma torção geral de 180°, vindo desembocar nas proximidades da boca, onde vamos encontrar o ânus ou orifício anal.

O aparelho digestivo desses moluscos é constituído das seguintes partes e órgãos:

— *boca*. Fica situada na região anterior ventral da cabeça, possui paredes delgadas, é bem curta, sendo apenas um vestíbulo da faringe. É guarnecida por 4 lábios. Possui 2 peças córneas que correspondem às mandíbulas;

— *faringe*. Possui a parede mais espessa e mais musculosa, com uma espécie de mandíbula córnea dorsal e que é um aparelho mastigador característico dos moluscos além de, ventralmente, a *rádula*, uma espécie de língua amarela, muscular, com sua parte superior coberta por uma camada córnea e com a sua superfície cheia de dentes ou ganchos dispostos em séries, servindo como um verdadeiro ralador para os alimentos que o animal apreende para comer. Funciona com movimentos de vai-e-vem, cortando e ralando os alimentos por ela apreendidos.

A rádula se encontra localizada no *saco radular* que é um verdadeiro divertículo da faringe e que pode ser projetado para fora, tomando a forma de uma colher. Seu barulho ao mastigar é imperceptível, exceto quando milhares de *escargots*, à noite, mastigam ao mesmo tempo.

— *esôfago*, que é delgado e vai desembocar no estômago;

— *papo*, bem dilatado e com as paredes finas;

— *estômago*. É uma dilatação do tubo digestivo e tem uma forma arredondada;

— *intestino*: longo e fazendo voltas ou circunvoluções, segue em direção às espiras da massa visceral, vai até ao fígado ou hepatopâncreas, dá duas voltas, muda de sentido e de direção, passa ao longo da borda interna da cavidade pulmonar e se dirige para a parte anterior do animal, terminando em um ânus situado no tegumento mole, próximo à borda da concha, no lado direito do animal e perto do pneumóstoma.

Como órgãos anexos do aparelho digestivo temos:

— *glândulas salivares*. São duas e ligadas à faringe por meio de ductos ou canalículos;

— *fígado ou hepatopâncreas*, que é marrom-esverdeado, bilobulado, fica situado na parte superior da concha e se liga ao estômago. É uma glândula digestiva.

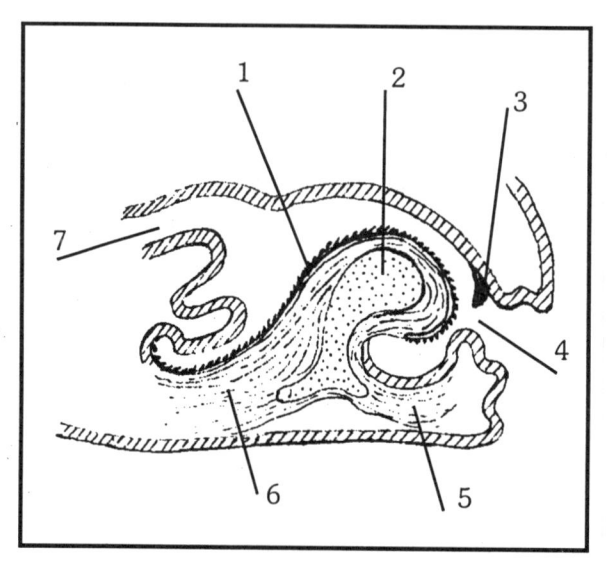

Bulbo faringeano do escargot:
1 – rádula;
2 – cartilagem do aparelho radular ou odontóforo;
3 – mandíbula;
4 – boca;
5 – músculos motores da rádula;
6 – músculos motores da rádula;
7 – esôfago.

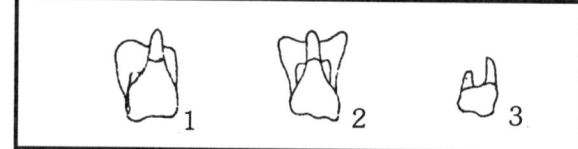

Dentes de escargot:
1 – lateral;
2 – central;
3 – marginal.

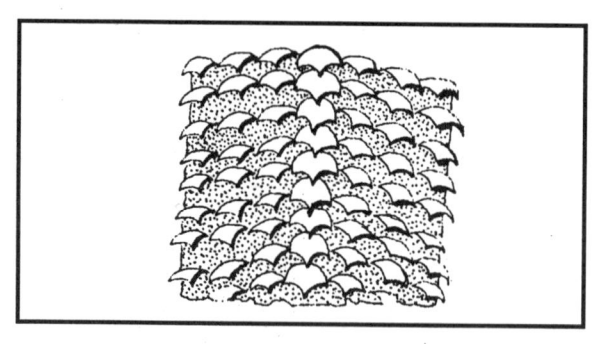

Superfície da rádula com sua camada córnea e cheia de dentes.

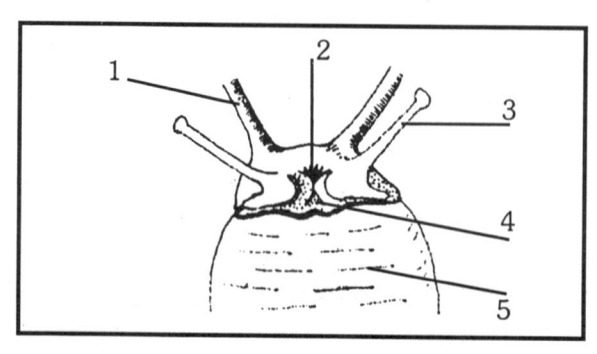

Cabeça de escargot:
1 - tentáculo ocular;
2 – mandíbula superior;
3 – tentáculo táctil;
4 – boca;
5 – pé, sola ou região plantar.

3.5. APARELHO RESPIRATÓRIO

Os moluscos que, como já mencionamos anteriormente, na sua grande maioria são de espécies marinhas têm, como seus principais órgãos da respiração, as brânquias.

As espécies terrestres, no entanto, não possuem esses órgãos que são substituídos por um *pulmão* localizado justamente na cavidade em que estariam situadas essas brânquias, nas espécies aquáticas. Podemos mesmo, melhor esclarecendo, explicar que é essa própria cavidade que se vasculariza muito, transformando-se em pulmão.

Esses moluscos são, por isso, denominados *pulmonados ou Pulmonata*.

O pulmão dos moluscos terrestres é, portanto, a própria câmara branquial com as suas paredes muito vascularizadas e divididas por septos que aumentam a sua superfície exposta ao ar que nela penetra. É nessa região que se processam as trocas respiratórias.

Essa cavidade, que se transformou em pulmão, fica situada na parte externa do manto, na sua grande cavidade paleal e já na parte de dentro da concha.

O ar entra e sai pelo poro respiratório que nada mais é do que o estreitamento da fenda paleal existente nos moluscos de respiração branquial.

O número de movimentos respiratórios é de 3 a 4 por minuto.

3.6. APARELHO CIRCULATÓRIO

O aparelho circulatório dos pulmonados e, no presente caso, mais precisamente dos *Helix*, é formado pelas seguintes partes: coração, artérias, veias e seios venosos.

O coração, as artérias e veias possuem paredes próprias, enquanto que os seios venosos são cavados nos próprios tecidos.

O coração é alongado e se encontra localizado lateralmente, dentro de uma bolsa serosa denominada *pericárdio*. Possui uma *aurícula* na sua parte anterior e um *ventrículo* na posterior.

O sangue é bombeado do coração, saindo do seu ventrículo, pela *artéria aorta*, cujo *ramo anterior* leva o sangue para a pele e região cefálica e o posterior, que vai irrigar o fígado. Dessas artérias partem outras menores, que levam o sangue a todos os órgãos e tecidos. Existe, ainda, um sistema de veias e seios venosos que leva o sangue de volta ao coração.

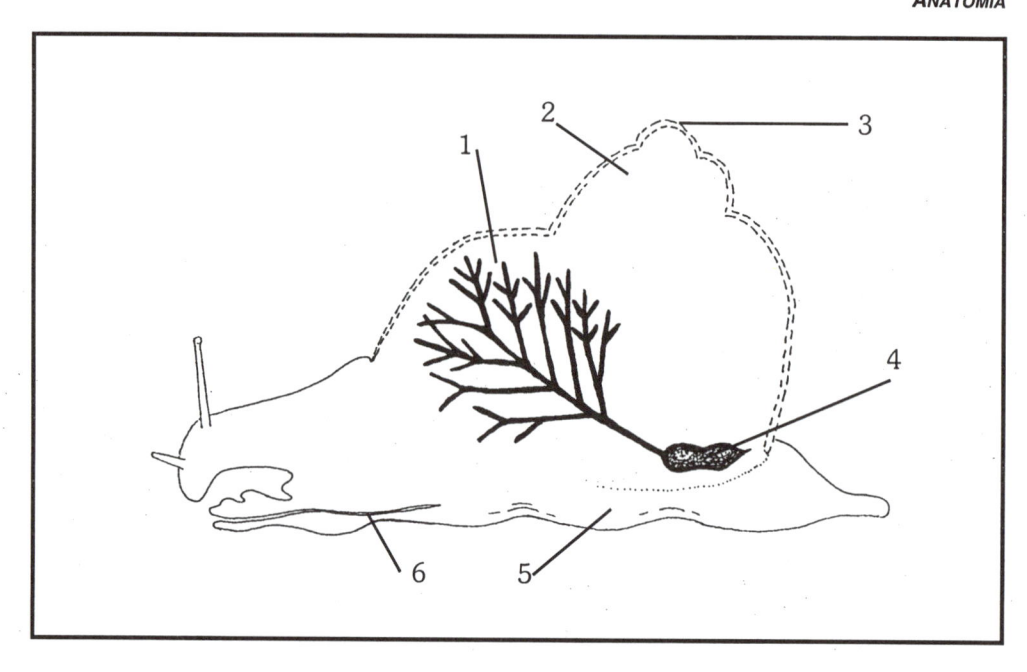

Aparelho Respiratório. 1 – pulmão; 2 – manto; 3 – concha; 4 – coração.
Aparelho Locomotor. 5 – pé; 6 – glândula pedal.

Escargot no ninho, em postura (notar parte do pé aparecendo)

Depois que irriga os tecidos, neles deixando o oxigênio e deles retirando o gás carbônico, o sangue, através de capilares, vai para os seios venosos de onde, através de veias, atinge o pulmão, no qual entra em contato com o ar, recebe nova carga de oxigênio e, passando pela veia pulmonar, vai novamente ao coração, penetrando na sua aurícula.

O *sangue* dos *escargots* é formado pelo *plasma* e pela *hemocianina*. É azulado e não vermelho, como nos mamíferos, por exemplo. Possui três vezes mais cálcio do que o sangue humano.

O número de batimentos cardíacos dos *escargots* ou caracóis, é de 20 a 30, em média, por minuto, chegando a 100 quando a temperatura atinge 38°C e a somente 3 (três), por minuto, quando a temperatura é inferior a 0°C.

3.7. APARELHO EXCRETOR OU URINÁRIO

É formado por apenas um *rim* cinza-amarelado que filtra, ou melhor, que retira as matérias que devem ser eliminadas, ou seja, as catabólicas, drenando a cavidade pericárdica, em volta do coração e as transporta por um ducto ou canal excretor que se abre próximo ao ânus. É de forma triangular e fica localizado entre o coração e o reto. Possui uma parte excretora e outra sob a forma de um depósito, da qual parte um fino canal urinário que vai desembocar entre o ânus e o pneumostoma ou poro respiratório.

3.8. SISTEMA NERVOSO

O sistema nervoso dos moluscos e especificamente dos *Helix* é ganglionar, do tipo dorso-ventral, ou seja, de um tipo intermediário entre o tipo dorsal dos animais superiores e do tipo ventral dos animais inferiores.

É constituído por três categorias de pares de gânglios nervosos:

1°) gânglios cerebróides;

2°) gânglios pediosos;

3°) gânglios viscerais.

O primeiro par de gânglios, os cerebróides ou par cerebral, é dorsal em relação à faringe, enquanto que os bucais, pedais e viscerais ficam situados mais abaixo do que ela.

Os gânglios emitem nervos para todos os órgãos.

Sob o aspecto fisiológico, esses pares de gânglios representam três categorias de centros nervosos, cujas funções são bem distintas:

— os *gânglios cerebróides* são centros sensoriais;

— os *gânglios pediosos* são os centros locomotores;

— os *gânglios viscerais* são o centro da vida vegetativa e os do primeiro par têm o nome de *gânglios paleais*.

Pelo exposto anteriormente, podemos verificar que há, realmente, os sistemas nervosos *pneumogástrico ou simpático* e o *sistema nervoso central*.

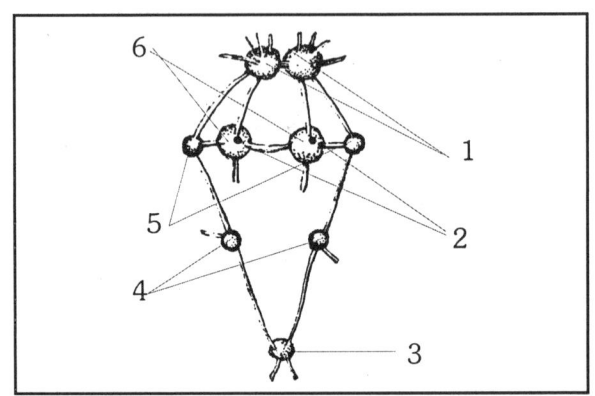

Sistema nervoso dos escargots
1 – gânglios cerebróides;
2 – otocistos;
3 – gânglio visceral;
4 – gânglios intestinais;
5 – gânglios paleais;
6 – gânglios pediosos.

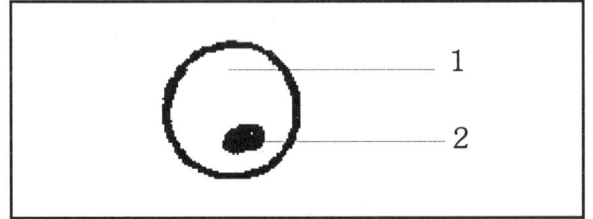

Audição - Gânglio pedial
1 – gânglio nervoso pedial;
2 – otocito.

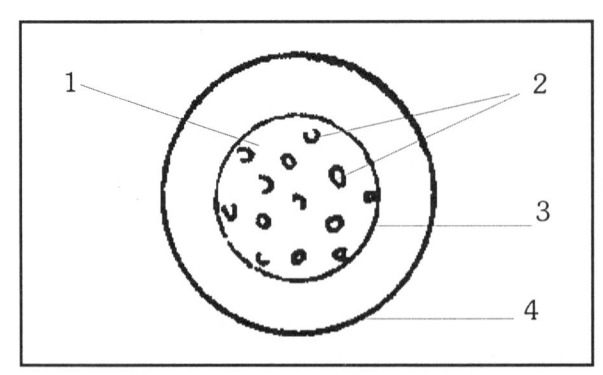

Gânglio nervoso
1 – líquido;
2 – otolitos;
3 – 2ª camada;
4 – 1ª camada ou externa.

O *sistema nervoso simpático* é formado por um par de *gânglios bucais* que estão localizados debaixo do bulbo bucal e se unem por conexões ou cordões nervosos aos gânglios cerebrais.

O *sistema nervoso central* é constituído por gânglios nervosos localizados na região anterior e formam um verdadeiro colar periesofagiano composto pelos gânglios cerebrais acima da faringe; pediais abaixo da faringe, na sua parte anterior e, na parte inferoposterior da faringe, os gânglios pleurais e viscerais.

Os gânglios são unidos, uns aos outros, por conexões ou cordões nervosos que partem de cada um deles.

3.9. OS SENTIDOS E SEUS ÓRGÃOS

Como os outros animais, também os gastrópodos por nós estudados, os *Helix*, possuem os sentidos e os órgãos a eles correspondentes.

Assim sendo, vamos analisar cada um deles e o seu funcionamento nesses moluscos.

• **Tato.** Distribui-se por toda a superfície do corpo coberta pelo tegumento, principalmente nós tentáculos (rinóforos), lábios e nas bordas do pé. Isso se deve ao fato da existência de células neuro-epiteliais tácteis espalhadas por todas essas regiões.

• **Olfato.** A sede do olfato parece localizar-se principalmente nos tentáculos.

• **Visão.** Os órgãos da visão são os dois olhos, cada um deles situados na extremidade de cada um dos tentáculos grandes, localizados na parte superior da cabeça. Os olhos possuem o nervo ótico, bem como córnea, cristalino e retina.

• **Audição.** Cada um dos gânglios pediais possui um *otocito*, cuja forma é esférica. Além de ser o órgão do equilíbrio, ele parece ser também um órgão de audição. É formado por uma parede externa com duas camadas formando uma esfera, no interior da qual encontramos um líquido e pequenos *otolitos* calcáreos.

3.10. APARELHO REPRODUTOR

Os gastrópodos pulmonados são animais hermafroditas, isto é, animais que possuem os dois sexos no mesmo indivíduo. São, portanto, animais fêmeas e machos ao mesmo tempo, pois possuem os aparelhos masculino e feminino, completos e em pleno funcionamento.

Eles possuem, no entanto, uma característica importante: há necessidade de que dois indivíduos se copulem para que possa haver a fecundação e, em conseqüência, a reprodução, pois cada um deles recebe uma carga de espermatozóides produzida pelo seu parceiro, no acasalamento.

Assim sendo, ambos os parceiros são copulados, um pelo outro, ficando os dois em condições de botar ovos fecundados e férteis, capazes de gerar novos moluscos.

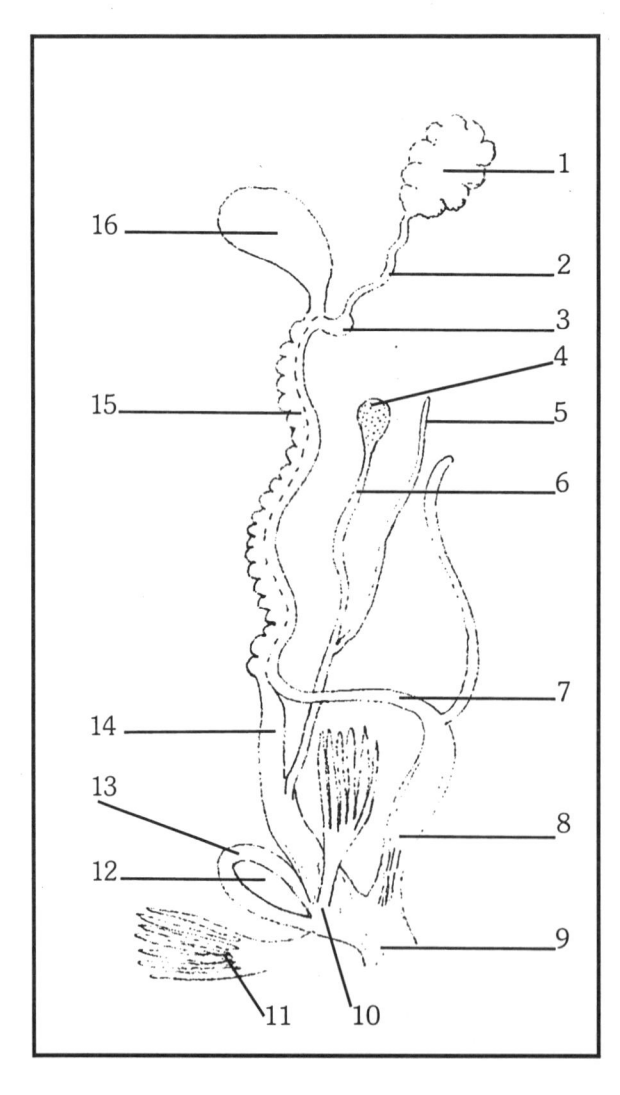

Aparelho Reprodutor dos escargots do gênero Helix

1 – gônada hermafrodita;
2 – 1º canal hermafrodita;
3 – vesícula seminal;
4 – receptáculo seminal;
5 – divertículo;
6 – canal do receptáculo seminal;
7 – canal deferente;
8 – pênis;
9 – cavidade genital hermafrodita;
10 – vagina;
11 – glândula multifídida;
12 – dardo;
13 – saco do dardo;
14 – vagina;
15 – 2º canal hermafrodita;
16 – glândula albuminífera.

ANATOMIA

Seu aparelho reprodutor é muito desenvolvido e bastante complexo pois, na realidade, consta de dois aparelhos completos, um masculino e outro feminino, interligados, formando um conjunto reprodutor que ocupa uma grande parte da cavidade visceral.

De um modo geral, podemos dividir esse aparelho reprodutor em uma parte superior ou hermafrodita; uma parte média com as vias masculinas e femininas separadas e uma terceira parte, terminal, com essas vias se reunindo para desembocar no orifício ou pólo genital.

Esse aparelho reprodutor é constituído das seguintes partes:

— *ovotestis* que é uma glândula ou gônada bastante volumosa e hermafrodita, pois produz os gametas masculinos e femininos, ou seja, os espermatozóides e os óvulos. Fica situada na parte alta da concha, no ápice da massa visceral e se encontra completamente envolvida ou "escondida" pelo fígado, sendo difícil de ser vista quando fazemos uma necropsia ou dissecação de um desses moluscos;

— *canal ou ducto hermafrodita*. É um tubo fino e sinuoso que saindo do ovotestis ou gônada, vai aumentando gradativamente de calibre e espessura e se liga à glândula albuminífera;

— *glândula albuminífera*. É muito volumosa, de cor branca e pertence ao sistema reprodutor feminino;

— *ovispermaducto* é um canal grosso e sinuoso que começa na glândula albuminífera, no local em que o canal hermafrodita penetra nessa glândula. Na realidade, são dois canais unidos e paralelos, ou seja, o *canal deferente*, macho, pelo qual transitam os espermatozóides e o outro canal, o *oviduto*, fêmea, através do qual passam os ovos após haverem recebido a camada de albumina, na glândula albuminífera.

Em determinado ponto, esse ovispermaducto se divide com a separação dos canais que vinham unidos formando, então, o *canal deferente* e o *oviduto*.

— *canal deferente*. Pertence ao sistema masculino, é muito fino e muito comprido e no final engrossa formando o pênis. Encontramos nesse canal, antes do pênis, um ceco muito comprido, o flagelo, no qual se acumulam os espermatozóides que depois se reúnem no espermatóforo.

— *pênis*. É o órgão copulador masculino. É oco possui um músculo retrator e mede mais ou menos 2cm de comprimento.

— *espermatóforo* é uma cápsula alongada com a forma e o tamanho da cavidade do interior do pênis e na qual ficam os espermatozóides para serem lançados pelo pênis, durante a cópula, na vagina do outro *escargot*.

— *oviduto*, que se subdivide, indo um "ramal" desembocar na bolsa do dardo onde encontramos as glândulas multífidas e o outro canal na bolsa copuladora. Na maioria dos *Helix*, mas não no *Helix pomatia*, existe, no canal do receptáculo seminal, um divertículo também chamado de flagelo feminino. É um elemento que concorre, também, para a identificação da espécie.

Iniciando-se na bolsa de fecundação, vai desembocar na vagina.

— *vagina*. É o órgão copulador feminino do *Helix* e fica localizada ao lado do pênis, no átrio genital que se comunica com o exterior, através do poro ou *orifício genital*.

Estão a ela ligados o canal ou duto delgado do receptáculo seminal, a bolsa do dardo e a glândula mucosa.

— *receptáculo seminal* é um canal ou dúcto longo que saindo da vagina, ao lado do oviduto, termina formando uma pequena vesícula ou bolsa;

— *bolsa do dardo*. É a encarregada de, na época da reprodução, produzir um estilete pontiagudo e de natureza calcárea, o *dardo*, usado como excitante sexual e que, no *Helix pomatia*, pode atingir 8 mm de comprimento;

— *glândulas mucosas*. Possuem vários canais pelos quais eliminam uma substância por elas secretada e destinada a facilitar a expulsão do dardo.

CAPÍTULO 4
FISIOLOGIA

Fisiologia é a ciência que estuda o funcionamento do organismo como um todo e de cada uma das suas partes ou órgãos, separadamente.

4.1. CIRCULAÇÃO

Como já verificamos anteriormente, o aparelho circulatório dos pulmonados é composto pelo coração, artérias, veias e seios venosos.

O objetivo de todo esse aparelho é bombear o sangue do coração para todas as partes do organismo, recolhê-lo, fazê-lo passar pelo pulmão, onde se liberta do gás carbônico recolhido nos tecidos e se oxigena novamente, indo outra vez para o coração, completando o seu ciclo.

O *sangue* dos moluscos pulmonados é um líquido claro ou pálido e não vermelho, como o dos mamíferos, por exemplo.

O coração trabalha com um certo ritmo denominado batimento ou pulsação cardíaca que, nos caracóis é, normalmente, de 20 a 30, em média, por minuto.

Vários fatores podem provocar um aumento nos batimentos cardíacos como calor, exercícios, sustos, etc. que podem acelerá-los até 100 batidas por minuto, quando a temperatura atinge 38°C, bem como pode fazer o seu ritmo diminuir a 10 batidas por minuto e até a menos do que isso, com o frio ou quando o animal está em repouso em sua concha, principalmente quando entra em hibernação.

O óxigênio é transportado, no sangue, pela *hemocianina* que é uma cromo-proteína contendo 0,17% a 0,26% de cobre e que possui, portanto, a mesma função da hemoglobina do sangue dos mamíferos mas esta tem, como material oxidante, o ferro. Em contato com o ar, a hemocianina fica com a cor azul.

4.2. RESPIRAÇÃO

A cavidade respiratória é limitada, na parte dorsal, pelo pulmão, que nada mais é do que a sua parede bastante vascularizada, fica em contato com a concha e, na sua parte ventral, pela superfície superior do corpo. O animal inspira, fazendo os músculos inferiores comprimirem as vísceras, o que provoca um aumento da cavidade, com a conseqüente sucção de ar para dentro dela. Logo que isso ocorre, o pneumostoma se fecha, pois possui 2 lábios especiais para essa função. A cavidade fica cheia de ar e este, em contacto direto com o pulmão, ocorrendo, assim, as trocas gasosas, com a retirada do gás carbônico do sangue e a oxigenação deste, pelo ar puro inspirado. Terminadas essas trocas ou a oxigenação do sangue, o pneumostoma se abre e os músculos se relaxam, em movimento inverso, fazendo com que a cavidade diminua, expulsando todo o ar: é a expiração.

Tratamos, até aqui, da respiração pulmonar, mas os pulmonados têm, também, a respiração cutânea, através de poros existentes na pele ou tegumento. Essa respiração melhor se realiza pela epiderme em perfeito estado, o que é facilitado pela presença da secreção mucosa que a protege.

4.3. EXCREÇÃO

A excreção é realizada através do rim e do intestino. Para isso, existe um sistema porta renal que leva o sangue ao rim e depois de nele purificado, o leva de volta à circulação geral. Quanto ao intestino, sua função principal é a de eliminar as matérias catabólicas, ou seja, as não aproveitadas pelo organismo ou por ele rejeitadas. Em outros animais o intestino tem, também, uma importante função na absorção dos alimentos, medicamentos, etc., o que não ocorre nos *escargots*.

4.4. OS SENTIDOS

Como verificamos anteriormente, os *escargots* possuem dois olhos, cada um na extremidade de um dos tentáculos grandes situados na região posterior da cabeça.

Seus olhos possuem uma estrutura bastante complexa, com uma córnea, um cristalino e um corpo vítreo, o que permite a formação de imagens e uma retina ligada ao gânglio supraesofágico ou cérebro, pelo nervo ótico, o que lhes dá uma sensibilidade à luz. Portanto, ele pode ver e possui uma sensibilidade à luz. Alguns autores, no entanto, consideram o caracol como um animal cego e insensível à luz.

4.5. TATO

Quando tocamos qualquer parte do corpo do *escargot*, ele imediatamente retrai a parte atingida. Portanto, está provado que ele tem uma sensibilidade generalizada em todas as partes do corpo que estão fora da concha. Essa sensibilidade é maior na borda do pé e na parte anterior do corpo, principalmente nos tentáculos. O interessante é que ele parece sensível, mesmo sem um contato direto. Se chegarmos um objeto bem perto (lmm) dos seus tentáculos, o *escargot* os contrai, mesmo que não haja sido atingido pelo objeto ou que haja ocorrido alguma vibração. Parece que ele o sente mesmo à distância, o que leva a crer que o faça através do olfato.

4.6. AUDIÇÃO

O sentido da audição é muito pouco desenvolvido nesse animal, pois o *otocito* é mais um órgão do equilíbrio, chamando-se, também, *estatocito*, do que um órgão da audição. Quando, no entanto, o barulho é muito alto, o caracol reage encolhendo os tentáculos, mas logo os estica, novamente, tão logo cesse o ruído. Esse fato pode ser levado em consideração como uma reação do sentido do tato, pois o ruído produz uma vibração que certamente, "bate" no animal.

4.7. GOSTO

Os *escargots* são animais essencialmente herbívoros. Preferem as plantas mais novas e as com menos fibras ou celulose. Grande é o número de vegetais que eles comem, embora tenham preferência por alguns deles. Procuram seus alimentos até mesmo nos estercos de animais herbívoros.

Em laboratórios ou em criações, podemos dar a esses animais, não só os vegetais frescos mas também pão, ração balanceada, etc. e até mesmo carne, como verificaremos no capítulo sobre alimentação. Devemos assinalar que os *escargots*, embora estejam recebendo os alimentos normais da espécie, gostam de variar e se alimentam mais com um novo alimento que lhes é fornecido.

4.8. NUTRIÇÃO E DIGESTAÇÃO

Os *escargots* podem ser considerados como animais vorazes, pois comem uma grande quantidade de alimentos que, em 24 horas, chega atingir até 40% do seu peso vivo.

Seu apetite, no entanto, está bastante relacionado com as estações do ano, principalmente nos países de clima temperado e com a temperatura ambiente, não só naqueles, mas, e principalmente, nos de clima quente. Comem mais nos dias frescos, nublados ou chuvosos, quando seu consumo de alimentos atinge de 10 a 40% do seu peso. De um modo geral, os jovens comem relativamente mais do que os adultos. Além disso, eles não comem nada nos dias secos e quentes, como já o mencionamos; poucos dias, uns 5 ou 6 antes de entrarem em hibernação e também 5 a 15 dias antes de morrerem. Deixam de comer, também, quando comeram muito no dia anterior. Eles, em geral, comem durante cerca de três horas seguidas, descansam e reiniciam a sua "refeição" que, no entanto, demora menos do que a primeira. Durante a hibernação, nos países frios, o *escargot* fica sem comer durante 5 a 6 meses nutrindo-se, no entanto, das reservas alimentícias corporais que acumulou durante o seu período de atividade.

4.9. DIGESTÃO

Os alimentos, mesmo "mastigados" pela rádula, são misturados apenas com uma saliva neutra ou alcalina, mas sem nenhum fermento ou diástase digestiva, como ocorre no caso dos mamíferos, por exemplo. Portanto, a saliva do *escargot* não tem nenhuma função digestiva.

O fígado, no entanto, desempenha uma importante função na sua digestão, pois é a sua glândula digestiva. Os fermentos por ele produzidos peptonificam as proteínas, saponificam as gorduras e sacarificam as proteínas. É formado por 3 tipos de células:

— células excretoras de 2 enzimas que atuam ativamente na digestão dos alimentos;

— células de absorção, ou seja, fagocíticas, com acúmulo de glicogênio e de gorduras. Essa absorção se realiza nos canais em que se encontram os alimentos, sendo os resíduos eliminados através do intestino e pelo ânus;

— células de cálcio, de grande importância no metabolismo do cálcio, principalmente para a formação da concha, pois são elas que acumulam fósforo e cálcio, em geral, como fosfato cálcico.

Como já o mencionamos, o intestino tem somente a função de eliminar os detritos catabólicos, pois suas paredes não possuem glândulas digestivas e nem produz fermentos digestivos.

4.10. HIBERNAÇÃO

Como outros animais, também o *escargot*, nos climas frios entra em hibernação ou, como também é chamada, no "sono hibernal". Isso ocorre quando a temperatura desce abaixo de 10°C. O caracol vai procurando um lugar para se abrigar, preparando-se, assim, para o seu sono hibernal. No Brasil, praticamente, os *escargots* não hibernam embora, às vezes, "durmam" alguns dias, 20 a 60, nas regiões mais frias.

Antes de se recolher à sua concha, o *escargot* faz uma purga, isto é, esvazia totalmente o seu intestino. Somente depois disso é que entra para a concha e depois faz a operculação. É por isso que os *escargots* operculados têm maior garantia de qualidade, a mesma dos animais que jejuam antes do abate.

Em uma criação, a hibernação deve ser evitada, ao máximo, porque atrasa o crescimento e o desenvolvimento do *escargot*, a sua reprodução e ainda provoca uma perda de peso de 20 a 25%, o que significa maior prejuízo, com os gastos de alimentos para a reposição do peso perdido. É um fenômeno muito complexo e se destina a proteger os animais durante o inverno quando, nas regiões frias, não poderiam, não só suportar as baixas temperaturas mas também a falta de alimentos, pois não os poderiam encontrar. O objetivo principal da hibernação é justamente o de fazer com que os animais fiquem agasalhados ou protegidos do frio, não o sentindo muito e, ao mesmo tempo, o de fazer com que eles vivam com suas próprias reservas alimentares que armazenaram em seu corpo, não necessitando, por isso, de alimentação, como normalmente.

Quando hibernam, os animais ficam num verdadeiro estado de letargia, um sono profundo, quase que uma verdadeira morte aparente, pois a temperatura do seu corpo cai bastante e há uma grande diminuição dos seus batimentos cardíacos e dos seus movimentos respiratórios. Há, portanto, uma grande diminuição do ritmo do seu metabolismo orgânico.

Como no Brasil, de um modo geral, não temos o problema da hibernação, pois estamos em regiões de clima quente, tratamos, sobre ela, como ilustração e para o conhecimento daqueles que vão criar os *escargots* em climas frios. Às vezes, porém, eles "dormem" durante dias somente. Esses elementos são válidos para a cidade de São Paulo, suas vizinhanças e para regiões de características climáticas semelhantes.

A hibernação do *Helix pomatia* na Europa começa, em geral, em outubro e termina nos meses de abril ou maio. Quando chega a hora da hibernação, ele entra debaixo de montes de folhas, gravetos ou musgos e depois, com o pé, cava um buraco de 5cm de profundidade, nele penetra e o vai aumentando, inclusive, com o auxílio de sua concha. Pronto o seu "ninho", o animal nele se ajeita com a abertura da concha para cima. Feito isto, ele se contrai, penetra totalmente na concha e nele fica acomodado. Quando tudo está em ordem e o *escargot* dispõe de reservas alimentares suficientes para as suas necessidades, durante a hibernação, vem a parte final dos seus preparativos, ou seja, a operculação.

4.11. OPERCULAÇÃO

É a operação que o *escargot* realiza para tampar a abertura da concha, para melhor se proteger do ambiente e mesmo de predadores. O animal, já dentro da concha, começa a secretar um líquido mucoso que vai formando uma camada ou véu incolor que cobre toda a abertura, aderindo à volta de todo o seu contorno interno. Sua superfície fica um tanto convexa e o já então denominado *opérculo*, devido à pressão do ar da respiração, expelido pelo animal, se desprende e se afasta uns 5mm do manto, quando esse ar é eliminado do pulmão, através do pneumostoma. O opérculo torna-se seco, com uma cor esbranquiçada e como é composto também por cálcio, fica mais grosso e duro. Como o *escargot* não se alimenta, vai emagrecendo e dentro de um certo tempo, forma-se um espaço entre o seu corpo e o opérculo. Assim que isso acontece, o animal secreta novamente a matéria mucosa formando, com ela, um outro opérculo separado do primeiro por uma camada de ar. Esse fenômeno pode ocorrer várias vezes, ficando a concha com vários opérculos, como ocorre no *Helix pomatia (Bourgogne)*.

O caracol turco, *Helix lucorum* opercula da mesma forma que o *Helix pomatia*.

O termo "opérculo", embora usado normalmente para os *escargots*, não o é adequadamente pois, o verdadeiro opérculo é um órgão permanente e soldado à pele dos prosobrânquios e não um órgão "fabricado" somente em determinadas condições ou situações e apenas em caráter provisório. O mais certo seria aplicar o termo *epifragma*, em todos os casos, distinguindo apenas epifragma calcáreo para o *Helix pomatia* e *Helix lucorum* e epifragma mucoso, para os outros.

O *Helix aspersa* ou *Petit gris*, em geral, não se enterra, mas apenas se abriga debaixo de pedras e outros materiais naturais, em um arbusto ou mesmo em um muro e não produz o opérculo como o *Helix pomatia*, mas apenas um epifragma córneo, simples e sem a condensação calcárea, como o mencionamos anteriormente.

Após a operculação, o *escargot* fica mais protegido, ainda, na sua concha operculada e nele vai passar 5 a 6 meses em seu sono hibernal, em geral até abril (na Europa). Há uma queda acentuada no ritmo do seu metabolismo. O animal passa a viver somente de suas reservas alimentícias acumuladas, principalmente glicogênio, para que possa manter um mínimo de sua energia corporal. Os batimentos cardíacos diminuem muito, chegando a somente 3 por minuto, quando a temperatura atinge 0°C.

4.12. FIM DE HIBERNAÇÃO

Quando a temperatura ambiente volta a atingir 10 a 12°C, o *escargot* começa a "acordar". Seu organismo vai acelerando o seu ritmo de vida ou metabolismo, suas funções voltam a se reativar e, quando as condições externas de temperatura, umidade, etc. são favoráveis ele, com o pé, empurra o opérculo para fora e sai da concha, com uma grande fome e se lança sobre os primeiros alimentos que encontrar.

Durante a hibernação o *escargot* emagrece muito, perdendo peso, principalmente porque não recebe alimentos e também devido à desidratação. Essa perda de peso chega a 20 ou 25% do seu peso inicial. Quando termina a hibernação, o *escargot* sai da concha e passa a se alimentar com grande voracidade recuperando assim, em pouco tempo, o seu peso, as suas energias e até mesmo as suas reservas alimentícias perdidas durante o período de hibernação.

Não só, porém, no período de hibernação, os *escargots* se recolhem dentro de sua concha e fecham a sua abertura, com o epifragma. Eles realizam esta operação, ou melhor, tomam essa atitude, em sua época ou temporada de descanso, quando o verão é muito quente e seco ou quando as condições ambientais lhes são desfavoráveis.

O *Helix pomatia* (*Bourgogne*), nessas ocasiões, não produz um opérculo calcáreo, como o faz para a sua hibernação, mas apenas uma camada fina e não calcárea, um epifragma, que veda a abertura de sua concha. O *Helix aspersa*, no entanto, nas mesmas circunstâncias, produz um epifragma semelhante ao que secreta quando entra em hibernação. Enquanto, porém, o *Helix pomatia* se abriga em um buraco, o *Helix aspersa* se fixa em algum anteparo e aguarda que as condições melhorem (uma chuva, por exemplo), para que possa entrar novamente em atividade.

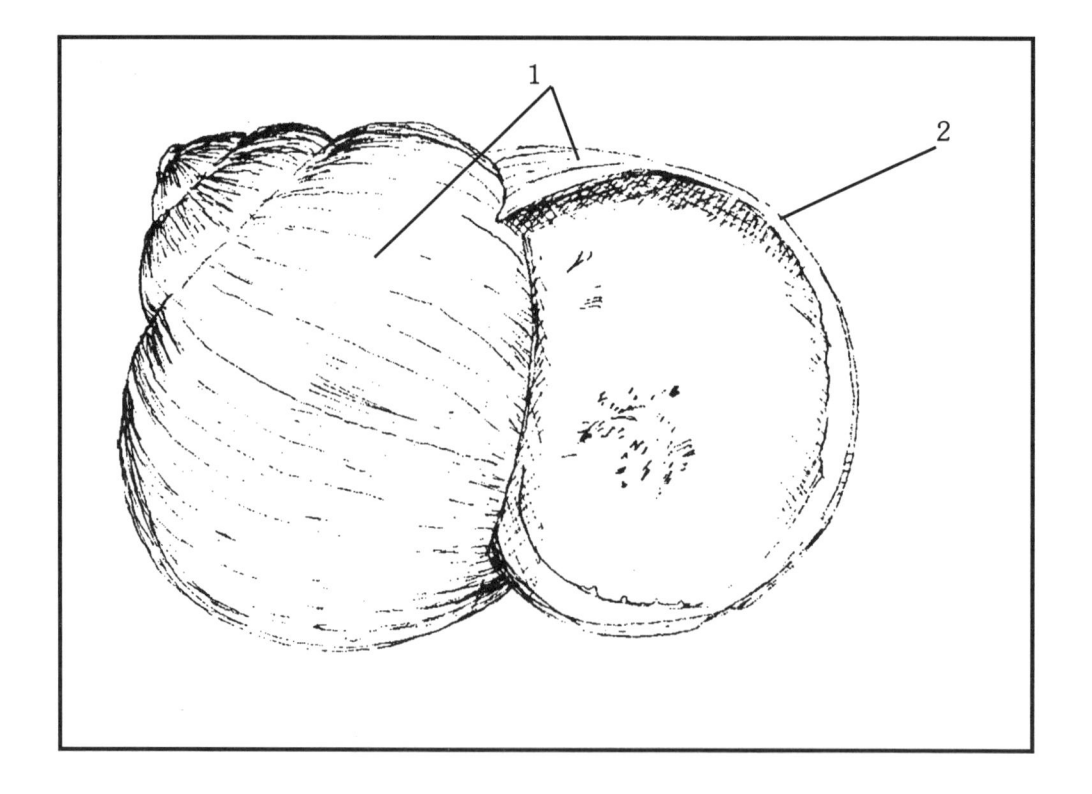

Escargot operculado:
1 - concha • 2 - opérculo.

CAPÍTULO 5
DIFERENÇAS ENTRE DIVERSOS ESCARGOTS

Principalmente sob o aspecto morfológico, a diferenciação entre as espécies e variedades é feita, em primeiro lugar, pelo aspecto da concha.

Assim sendo, vamos analisar, separadamente, cada uma das espécies de *escargots* comestíveis que mais nos interessam.

5.1. *HELIX POMATIA* (burgogne)

Sua cor é bege claro. É de tamanho médio, medindo mais ou menos 40mm. Suas estrias de crescimento são bem nítidas. As faixas espirais são em geral muito apagadas, quase invisíveis. Podemos notar o umbigo.

5.2. *HELIX ASPERSA* (*Petit gris*)

Concha em geral escura, embora existam variedades cujas conchas são mais claras e até unicolores, em uma variedade de concha amarelada sem faixas. As estrias de crescimento são pouco visíveis. As faixas espirais são bem escuras e destacadas na variedade padrão. A concha não possui o umbigo.

5.3. *HELIX ASPERSA MAXIMA*

É maior do que o Helix aspersa normal, sendo do tamanho do *Helix pomatia*. Pesa de 20 a 40g. Sua concha é geralmente clara, possuindo ou não as faixas. Uma das suas variedades possui a borda do manto preto.

5.4. HELIX LUCORUM (turco)

Sua concha em geral muito escura, é da mesma grossura e até mais grossa do que a do *Helix pomatia*. Algumas variedades possuem as faixas espirais bem nítidas e, algumas, apresentam faixas verticais.

No caracol jovem encontramos o umbigo, na concha, o que normalmente não ocorre no adulto.

5.5. HELIX ADANENSIS (de Adana)

É mais escuro do que o *Helix pomatia* e mais claro do que o *Helix lucorum*.

Sua concha é mais ou menos do tamanho da do *Helix pomatia*, suas estrias de crescimento são bem visíveis, as faixas espirais bem escuras e não possui o umbigo.

5.6. HELIX CINCTA

Sua concha é muito parecida com a do *Helix pomatia*, mas dela se diferencia porque sua zona columelar da abertura é castanha.

5.7. DIFERENÇAS INTERNAS DOS ESCARGOTS

É de grande importância saber como diferenciar as diversas espécies de *escargots* comestíveis, para evitarmos as fraudes e para que não sejamos enganados, ao comprarmos *escargots* mais baratos, por preços mais elevados. Por esses motivos, vamos verificar como poderemos identificar as suas diversas espécies.

5.8. RÁDULA

Podemos identificar as espécies por modificações anatômicas que esse órgão pode apresentar, mas isso é relativamente difícil, porque essas alterações podem ser muito pequenas, quase imperceptíveis, principalmente para as pessoas que não tenham muita experiência e conhecimentos mais profundos da anatomia dos *escargots*.

5.9. APARELHO REPRODUTOR

As diferentes formas que pode apresentar o aparelho reprodutor das diversas espécies são tão marcantes ou fáceis de serem verificadas que poderão, com facilidade, permitir a identificação da espécie de um *escargot*, mesmo depois de cozido e posto em conserva. Por isso, devemos conhecer bem essas diferenças, para que melhor possamos classificar ou identificar esses animais. Como esses órgãos são muito pequenos, devemos usar uma lupa ou uma lente para examiná-los.

5.10. RESUMO DAS DIFERENÇAS

As diferenças encontradas, são as seguintes:

— *Helix pomatia* possui um divertículo medindo 2mm, sendo muito pequeno e, às vezes, nem é encontrado, por não existir;

— *Helix aspersa* - o divertículo é comprido, pelo menos do comprimento do receptáculo seminal com o seu canal. É a espécie que possui o divertículo mais comprido, quando comparado ao de outras espécies;

— *Helix cincta* possui um divertículo muito pequeno;

— *Helix lucorum* tem um divertículo muito pequeno;

— *Helix adanensis* apresenta o divertículo muito pequeno e difícil de diferenciar do mesmo órgão do *Helix lucorum*.

— *Achatina fulica* é de outro gênero e espécie e seu aparelho genital é bem diferente do apresentado pelo gênero *Helix*, pois não possui divertículo, flagelo macho, glândulas muitífidas e dardo.

Escargots Gris-gris (Helix aspersa maxima) em cópula

Concha de um Petit-gris

Capítulo 6
Os Escargots mais Consumidos Atualmente

Grande é o número de *escargots* espalhados pelo mundo, inclusive no Brasil e, em princípio, podemos afirmar que todos eles são próprios para o consumo, com exceção, naturalmente, dos que possam ser portadores ou transmissores de doenças infecciosas ou parasitárias ou que sirvam de hospedeiros intermediários para os agentes de algumas delas. São encontrados desde a superfície da terra até às profundezas dos oceanos. Os que nos interessam, no entanto, neste nosso trabalho, são os *escargots* terrestres e é sobre eles que trataremos. Os mais consumidos na Europa são os seguintes:

— *Helix aspersa* conhecido por *Petit gris*, isto é, pequeno cinza. É de cor cinza e estriado de preto, sendo considerado como um dos melhores. Sua concha mede 3cm de diâmetro. É o *escargot* criado atualmente no Brasil;

— *Helix pomatia*, denominado popularmente por *Bourgogne* ou gros blanc (branco grande). Sua concha é cor creme com 5 faixas em espirais e pode ultrapassar 5cm de diâmetro. Esse *escargot* é o maior caracol terrestre da França e da Europa.

— *Cepaea* sp. É um pequeno *escargot* encontrado nos jardins da França, é de ótima qualidade, mas sem valor comercial, devido ao seu pequeno tamanho. Não pertence ao gênero *Helix* e sim ao *Cepaea*.

Outros *escargots* muito usados para consumo humano e muito importados pela França, são os seguintes:

- *Helix lucorum* ou turco. É grande, cinza e com partes de seu manto escuras;

- *Achatina fulica*, conhecido por achatina ou chinês. É o maior *escargot* terrestre, podendo medir 20cm e cujo peso pode atingir 250g. Sua carne é de boa qualidade.

"Bebês" no ninho, após a eclosão

Capítulo 7
A Produção de Escargots

Quando em seu ambiente natural, soltos na natureza, os *escargots* estão sujeitos a uma série de condições adversas de clima como temperatura muito baixa ou muito alta, chuvas em excesso, inundações, falta de alimentação adequada além de ataques por grande número de predadores, incêndios, caçada indiscriminada, etc., o que faz com que somente uma pequena parte dos que nascem chegue à idade adulta e que o número dos adultos vá diminuindo cada vez mais. Algumas espécies, outrora abundantes, estão se tornando raras e algumas já quase em vias de extinção. Assim sendo, logicamente, as condições oferecidas aos *escargots*, em um heliário, são completamente diferentes das que eles encontram no seu ambiente natural, pois os objetivos da helicicultura, ou seja, da criação racional de *escargots*, são os seguintes:

— proteger esses moluscos do grande número de predadores e competidores que os perseguem;
— proporcionar-lhes melhores condições ambientais;
— fornecer-lhes uma alimentação adequada e abundante;
— alojá-los em instalações que lhes proporcionem todo o conforto de que necessitam;
— selecionar os melhores animais para reprodução, pois eles produzirão filhos mais precoces que poderão ser vendidos mais cedo para o consumo ou que entram com menor idade na reprodução.

Como orientação para os que se dedicam à criação de *escargots* ou que pretendam a ela se dedicar, apresentamos diversas alternativas em relação ao heliário, para que haja opção para a sua implantação.

Devemos esclarecer que esse nosso trabalho se refere principalmente ao *Helix aspersa*, mas que as orientações nele contidas podem ser aceitas para outras espécies de *escargots*.

Conchas de diversas espécies de escargots. Da esquerda para a direita:
(1) Caracol Megalobulinus – (2) Escargot de Bourgogne (Helix pomatia)
(3) Escargot Turco – (4) Petit gris (Helix aspersa)
(5) Gros gris (Helix aspersa maxima) – (6) Escargot Chinês (Achatina fulica)

Escargot em postura

Capítulo 8
Tipos de Criação

8.1. QUANTO AO TIPO

As criações de *escargots* podem ser classificadas em:

A) Esportivas: Quando feitas para divertimento ou distração, sem objetivo de lucros, mesmo que a produção seja consumida pela família do criador;

B) Econômicas ou Lucrativas: Quando são levados em consideração os fatores econômicos, principalmente na produção, pois os objetivos dessas criações são os lucros, com a venda dos *escargots* para o consumo ou para a reprodução.

8.1. QUANTO AO VOLUME

Quanto ao volume da produção, essas criações podem ser classificadas em:

A) Domésticas ou de Subsistência: De pequeno porte, para consumo do criador e de sua família e também para a venda do excesso de produção representado, em geral, por um pequeno volume de *escargots*;

B) Comerciais: Quando seu objetivo principal é a venda de toda a produção, sendo realizada em maior escala;

C) Industriais: Quando se trata de grandes criações e a sua produção é realizada em alta escala e, em geral, os *escargots* são preparados ou industrializados para a venda.

8.3. FATORES A SEREM LEVADOS EM CONSIDERAÇÃO

Seja qual for o tipo de criação, para termos sucesso devemos levar em consideração vários fatores de produção, pois todos são importantes e se não forem tratados devidamente, qualquer um deles poderá levar a uma baixa produção ou a uma pequena produtividade e até mesmo ao fracasso.

Entre esses fatores temos: bons reprodutores, isto é, animais selecionados; alimentação adequada; um bom manejo; boas instalações.

De nada adianta termos bons reprodutores se não os abrigarmos em instalações adequadas e lhes dermos uma boa alimentação e um bom manejo.

Por esses motivos, antes de iniciarmos uma criação, devemos estudar bem os tipos de instalações que devemos adotar e quais as mais indicadas para as condições existentes na região em que vamos implantar o heliário, mas levando sempre em consideração o seu custo, o capital de que dispomos, as condições climatéricas, etc.

Além disso, é necessário fazer um bom planejamento das construções e aquisições iniciais, bem como previsões sobre o custeio, as substituições, os reparos, etc., bem como das necessidades de possíveis ampliações do heliário.

Outro fator de grande importância para economia de terreno, diminuição da mão-de-obra, maior rendimento dos trabalhos e melhores condições para as vendas, é a disposição racional das instalações cuja construção pode e deve ser simples, econômica, funcional e de bom gosto, para dar ao heliário um aspecto mais agradável, o que pode influir bastante, nas vendas, pela boa impressão que causa aos visitantes e compradores.

Assim sendo, devemos estabelecer:

— o capital a ser investido no empreendimento;

— a meta de produção a ser atingida;

— a técnica de comercialização;

— a escolha da região;

— o tipo das instalações;

— a previsão para a expansão dos negócios.

Capítulo 9
Escolha do Escargot para a Criação

Quando vamos começar uma criação de *escargots* devemos, antes de tudo, saber que espécie vamos criar pois, dessa escolha depende, em geral, o sucesso da criação. Somente depois é que vamos escolher as instalações e os métodos de criação.

Pelo que pudemos verificar, as espécies mais reputadas, para o consumo, são o *Helix pomatia*, gros blanc ou *Bourgogne*, o *Helix aspersa* ou *Petit gris* e o *Achatina monochromatica* ou Achatina.

Assim sendo devemos, pelo menos atualmente, fazer uma opção entre esses dois *escargots*.

O melhor e o mais comum, no entanto, por uma série de vantagens que apresenta para a criação intensiva é, atualmente, o *Helix aspersa* ou *Petit gris*. Ele é menor do que o *Helix pomatia* mas os gourmets o consideram como um dos melhores. Sua concha mede 3cm de diâmetro e é cinza estriada de preto. As criações de *escargots* existentes no Brasil são, justamente, de *Helix aspersa* ou *Petit gris*, pois eles aqui se adaptaram, sendo considerados, ainda, como os melhores para a criação em heliários.

O *Helix pomatia*, *Gros gris* ou *Bourgogne* é maior do que o *Petit gris*, o mais apreciado pelos gourmets e, por isso, o de maior valor mas, ao mesmo tempo, o mais difícil de ser criado em cativeiro por ser o mais delicado e o menos prolífico, parecendo não se adaptar bem às condições artificiais que lhe são proporcionadas nos heliários. Sua concha é de cor creme e mede 5cm ou mais de diâmetro.

Para que melhor possa ser feita a escolha passamos, a seguir a estudar ambas as espécies, separadamente, com o objetivo de verificar qual é a melhor para a criação em cativeiro, ou seja, em um heliário.

9.1. HELIX POMATIA

É, como já o sabemos, o *escargot* conhecido como *Bourgogne* ou gros blanc, sendo o mais apreciado e considerado, pelos gourmets, como o melhor, sob o aspecto culinário e, por isso, o de maior valor.

Para a criação, no entanto, o *Bourgogne* tem as seguintes desvantagens:

— é o mais difícil de ser criado;

— é um dos mais delicados ou fracos;

— sua mortalidade é muito grande em criações feitas em heliários;

— é de adaptação e aclimatação mais difíceis, exigindo condições de criação especiais e específicas;

— é tardio, pois seu desenvolvimento e o seu crescimento são muito lentos, só estando "prontos" para a comercialização, com 3 anos de idade (na Europa);

— é o menos prolífico;

— parece não aceitar bem, as condições artificiais da criação em cativeiro.

9.2. HELIX ASPERSA

Conhecido como *Petit gris*, apresenta uma série de vantagens para a criação em heliários.

Entre elas, apresentamos as seguintes:

— é mais rústico ou resistente do que o *Helix pomatia*;

— é de aclimatação mais fácil do que o *Helix pomatia*;

— é mais comum e mais espalhado, geograficamente;

— é mais precoce, estando "pronto" para comercialização, com 120 dias;

— é mais fecundo e mais prolífico do que o *Helix pomatia*.

Pelo que podemos verificar pelos dados apresentados podemos, facilmente, chegar à conclusão de que é aconselhável criar o *Petit gris*, ou seja, o *Helix aspersa*.

Outro *escargot* que apresenta excelentes qualidades para a criação, é o *Helix aspersa maxima*, uma variedade do *Helix aspersa*, pois é maior do que o *Petit gris*, sendo por isso denominado *Gros gris*. Além disso, é mais rústico, mais fecundo e mais prolífico do que o *Bourgogne* ou *Helix pomatia*.

Os *escargots* de espécies diferentes não se cruzam e nem devem ser criados juntos, nas mesmas instalações. É aconselhável que sejam criadas espécies diferentes separadas, em instalações diferentes, ainda, como os melhores para a criação em heliários.

Recentemente, no entanto, uma nova espécie de *escargots* começou a ser criada no Brasil. Trata-se do *Achatina monochromatica* ou *escargot* branco.

9.3. ACHATINA MONOCHROMATICA

Seu país de origem é, provavelmente a China, onde é muito conhecido. Além de ser um animal de grande porte, eles possui uma carne branca, que a torna muito mais valorizada, no mercado internacional, alcançando preços três vezes maiores do que a carne do *Achatina fulica*. Segundo os criadores, o *Achatina monochromatica* faz, no Brasil, no mínimo, 3 posturas por ano e prefere as temperaturas mais elevadas, situadas acima de 20°C que lhe proporciona, ainda, um maior desenvolvimento.

Os ovos desses *escargots* são mais ou menos do tamanho de um grão de ervilha.

Em cada postura ele costuma produzir de 100 a 130 ovos que devido à sua fragilidade, não devem ser manipulados.

Os *Achatina monochromatica* são mais lentos, mais calmos e menos vorazes do que o *Achatina fulica* que, devemos mencionar, é a espécie mais conhecida do gênero *Achatina*.

Nas criações a céu aberto, em parques, o seu crescimento é bem maior do que o apresentado nas realizadas em caixas em ambientes fechados.

Quanto à sua alimentação, eles têm preferência por determinados vegetais, mas aceitam, também, as rações balanceadas.

A sua criação pode proporcionar bons lucros, porque os *escargots*, devido à caça incontrolada, já são bastante raros, na natureza.

"BNH" em parque de Helix sp

Parque criatório irrigado
(Escargots Funcia - SP)

CAPÍTULO 10
SISTEMAS DE CRIAÇÃO

Quando pretendemos criar *escargots*, podemos fazê-lo adotando os seguintes sistemas de criação.

10.1. EXTENSIVO OU EM LIBERDADE

A rigor, não podemos considerá-lo como um sistema de criação, porque ele consiste apenas em soltar um certo número de *escargots*, em um terreno adequado, cujas características sejam propícias à existência desses moluscos. Eles ficam, depois, entregues à própria sorte, não recebendo nenhuma assistência. Tempos depois, a mesma pessoa que os soltou e que se julga o seu dono, os vai procurar para caçá-los sem saber, mesmo, se os vai encontrar, se eles se reproduziram ou então se desapareceram do terreno, vítimas de condições adversas, de predadores e até mesmo de caçadores que se antecipam na sua caçada. A pessoa que adota esse sistema, soltando os *escargots*, nem pode ser chamado de criador pois, na realidade, não está criando nada, mas apenas contando com a sorte, com que os *escargots* soltos hajam sobrevivido e se reproduzido, para que ele possa fazer a sua caçada que nada difere da caça predatória a que vêm sendo submetidos esses moluscos, caça essa que os está dizimando e fazendo com que algumas espécies já possam ser consideradas em fase de extinção. É um sistema empírico e só o estamos apresentando para que alguma pessoa que haja pensado em adotá-lo, desista do seu intento, pois os seus resultados são imprevisíveis.

Entre muitos outros, podemos citar, como inconvenientes desse sistema, os seguintes:

— impossibilidade de controle sobre os moluscos;

— mortalidade muito grande e, em conseqüência, menor produção;

— os animais ficam muito sujeitos a ataque de prepadores;

— chuvas fortes, enxurradas e inundações liquidam grande número de *escargots*, causando enormes prejuízos ao criador, etc.

10.2. INTENSIVO, CONFINADO OU RACIONAL

É o único sistema de criação que aconselhamos para quem deseja criar *escargots* com fins principalmente comerciais. Fazemos tal afirmativa, pois é realmente, o único que pode assegurar sucesso na criação de *escargots*, porque:

— permite uma vigilância e um controle rigorosos sobre todos os animais;

— aumenta as percentagens de eclosão, devido à maior proteção oferecida dentro do heliário;

— diminui a mortalidade de *escargots* de todas as idades, porque lhes são proporcionadas as melhores condições ambientais, de alimentação, etc.;

— permite uma boa seleção dos reprodutores;

— facilita o manejo, a captura e o descarte, quando necessário;

— evita totalmente ou diminui muito o perigo de predadores;

— permite melhores condições para que lhes seja proporcionada uma alimentação melhor e mais abundante.

Poderíamos citar muitas outras vantagens desse sistema de criação, mas cremos que os citados já são suficientes para demonstrar a sua eficiência.

Esse sistema pode ser empregado em dois tipos de criação:

A) Criações ao ar livre, ou seja, as que não ficam debaixo de telhados ou coberturas que as protejam do sol e das chuvas, embora possam ser protegidas por coberturas de telas de náilon.

B) Criações em galpão, assim denominadas todas as criações que se encontram dentro de construções com ou sem paredes, mas sempre com um telhado a proteger os animais das inclemências do tempo, principalmente das chuvas e do sol diretos sobre elas.

Para qualquer dos tipos de criação, temos três tipos básicos de instalações, como estudaremos no capítulo referente às construções.

São eles os seguintes: *parques com ou sem cobertura de tela; criadeiras sobre o solo; criadeiras suspensas ou sobre pés.*

Capítulo 11
A Implantação do Heliário

11.1. GENERALIDADES

Quando, depois de estudarmos a helicicultura sob os seus aspectos técnicos e econômicos, resolvemos iniciar uma criação de *escargots* devemos, antes de o fazermos, tomar uma série de medidas e precauções, levando em consideração a necessidade de que haja um conjunto de condições para que, não só possamos implantar o heliário, mas também, para que ele seja economicamente viável, possibilitando os lucros desejados.

Por esses motivos, devemos examinar a questão sob vários pontos de vista, como os que se seguem.

11.2. FATOR LEGAL

É necessário verificarmos se não existe nenhum impedimento legal como, por exemplo, lei, decreto, portaria, regulamento ou normas que proíbam a instalação desse tipo de estabelecimento de criação no local pretendido, para evitarmos problemas no futuro, inclusive o fechamento do heliário por imposição judicial.

11.3. CLIMA

O clima da região em que desejamos implantar a criação de *escargots*, é um fator de grande importância, decisivo, mesmo, para o sucesso desse tipo de criação. No Brasil, podemos criar *escargots* em praticamente todo o seu território que apresenta, inclusive, condições bem mais favoráveis para a helicicultura do que os países de climas temperados ou frios, desde que forneçamos, a esses animais, instalações que lhes proporcionem as condições ambientais por eles exigidas, principalmente em relação à umidade e à temperatura.

11.4. TEMPERATURA

É um dos fatores de maior importância na criação de *escargots*, porque eles sofrem muito com as temperaturas elevadas pois, devido à constituição dos seus tecidos orgânicos, são muito sujeitos à desidratação. As temperaturas ideais para os *escargots* são as situadas entre 16°C e 24°C. Também as baixas temperaturas não são indicadas para a criação desses moluscos, porque diminui o ritmo de seu metabolismo ou funções orgânicas, provocando atrasos no seu crescimento, na eclosão dos ovos e na sua puberdade, o que significa atrasos na produção e comercialização dos animais. Além disso, temperaturas muito baixas podem fazer com que eles entrem em hibernação, o que só ocorre em climas muitos frios, o que prejudica, ainda mais, a produção e concorre para maior mortalidade.

11.5. REGIME PLUVIOMÉTRICO

Significa a incidência de chuvas em uma determinada região, nas diversas épocas do ano, dele derivando-se o índice pluviométrico. Sua importância é muito grande para uma criação de *escargots* porque, por ele, podemos verificar as épocas em que caem as chuvas, sua quantidade ou seu volume, as épocas de estiagem, o volume de água das chuvas caídas nos diversos meses e o seu total durante o ano. Esses dados são importantes porque nos permitem evitar as regiões de poucas chuvas ou muito secas, não adequadas à criação de *escargots*.

11.6. UMIDADE

Um dos mais importantes problemas para os *escargots* é a umidade. Esse fato ocorre devido à grande permeabilidade de seu corpo, fazendo com que eles se desidratem com muita facilidade e rapidez, o que os pode levar à morte. Por isso, os *escargots* têm hábitos noturnos, saindo somente à noite, embora possam ser vistos, também, durante o dia, em geral nos dias mais úmidos ou chuvosos. Durante o dia, em geral, eles se escondem do calor e do tempo seco, entrando em fendas ou buracos, ficando debaixo de montes de folhas., etc. Além disso, ainda secretam uma substância mucosa misturada a uma calcárea, com a qual fazem uma "tampa" para a abertura da sua concha e com a qual a vedam, depois que a ela se recolhem.

Embora necessitem de umidade, os *escargots* não suportam uma umidade acima de um determinado limite, pois os seus tecidos podem absorver água em excesso, o que lhes é bastante prejudicial, causando-lhes uma hidropsia.

A importância da umidade ou da água, para os *escargots*, é tão grande que a sua vida ativa dela depende. Basta que baixe a umidade relativa do ar, que o tempo fique seco, para que eles se recolham à sua concha e nela permaneçam até que uma chuva ou uma aspersão artificial de água torne o ambiente novamente úmido. Tão logo "sintam" essa mudança, eles saem de suas conchas e vão viver sua vida normal: "andar", alimentar-se, realizar os acasalamentos, construir os seus ninhos, fazer a postura de seus ovos, etc.

Na realidade, os *escargots* têm sua vida ativa somente quando existe um mínimo de umidade, chuva ou neblina, quando estão no seu ambiente natural ou, então, esses mesmos elementos naturais ou aspersões de água, realizadas pelo criador, quando estão confinados em heliários.

Os *escargots* podem, com grande facilidade, absorver ou expelir água, pois o seu tegumento é muito permeável, possuindo muitos poros. É por isso que eles são muito sujeitos à desidratação e evitam, a todo o custo, o sol, o calor ou o tempo quente ou seco.

Também uma hidratação elevada é muito prejudicial aos *escargots* que ficam com os seus movimentos e as suas oxidações diminuídos o que, se ocorrer durante um período prolongado, pode provocar-lhes, uma série de distúrbios e até mesmo a sua morte. Uma hidratação abaixo do normal é bastante nociva aos *escargots* que ficam com as suas oxidações reduzidas e ainda com muitas de suas funções orgânicas inibidas.

Por esse motivo, eles estão sempre mantendo uma luta constante para manter um equilíbrio hídrico em seu organismo. Para isso, dispõem de várias armas. Para compensar a grande permeabilidade do seu tegumento, por exemplo, dispõem do muco que suas glândulas mucosas secretam e que recobre toda a parte do seu corpo não protegida pela concha. Essa mucosidade facilita, ainda, a respiração cutânea, a atividade ciliar e ainda o protege contra as infecções causadas por bactérias.

Os *escargots* como o *Petit gris*, por exemplo, têm sua atividade durante a noite ou mesmo durante o crepúsculo, períodos esses mais frescos e úmidos e já sem os perigos dos raios e calor solares. Eles só saem durante o dia, quando chuvosos ou então, quando estão com muita fome por haverem passado muitos dias sem comer. É por esses motivos que nos heliários deve ser mantido um grau de umidade bem elevado, pelo menos na parte da tarde e ao anoitecer. Para isso, podemos colocar vazilhas com água dentro das criadeiras e dos parques ou, melhor ainda, instalando dispositivos para a aspersão da água, o que permite uma boa rega sob a forma de uma chuva bem fina.

Como podemos deduzir, pelo exposto, é principalmente o grau de umidade ambiental que regula a vida dos *escargots*. O indicado é um índice acima de 80%, sendo considerado como ideal, o de 86%. É nessas condições que esses animais têm uma vida mais ativa, inclusive comendo mais e, em conseqüência, crescendo mais, produzindo mais e se reproduzindo em melhores condições.

11.7. VENTOS

Como um dos principais problemas para os *escargots* é o seu grau de umidade e ele é bastante alto, os ventos lhes são muito prejudiciais porque, incidindo diretamente sobre o seu tegumento, aceleram a sua evaporação corporal, provocando uma queda do seu índice de umidade e provocando, em conseqüência, o seu ressecamento. Além disso, esfriariam o seu corpo e provocariam, como já o mencionamos, a sua desidratação. É por esses motivos que os *escargots* evitam os ventos, por mais fracos que sejam, procurando, sempre, deles se abrigar em lugares os mais protegidos possível, para dormir ou para digerir os alimentos ingeridos. Por isso, procuram buracos, valetas, barrancos, árvores, etc., dentro ou atrás dos quais se protegem. Além de tudo isso, os ventos, principalmente os fortes e os frios, provocam mudanças bruscas de temperatura, sempre prejudiciais aos *escargots*.

11.8. O AR

Os *escargots* são moluscos pulmonados, isto é, possuem pulmão. Sua respiração, portanto, é pulmonar, o que significa que eles necessitam de ar livre, para respirar. Mesmo quando estão dentro da concha, é necessário que respirem, o que fazem através de um pequeno orifício existente no opérculo e pelo qual entra o ar, pela inspiração e saem os gases da expiração, constituindo-se, assim, a sua respiração. Quando o ar se rarefaz ou há falta de oxigênio, os *escargots* entram logo em suas conchas e diminuem o seu ritmo de vida, ou melhor, diminuem o seu metabolismo, inclusive da sua respiração.

11.9. A LUZ

É outro fator de grande importância na vida dos *escargots* e nos seus hábitos. É provável que, como nos mamíferos e em outras classes de animais, também o organismo dos *escargots* sofra a influência da luz ou luminosidade, quando prolongada, em suas funções orgânicas. Como argumento do que acabamos de mencionar, podemos citar que eles são muito mais ativos durante a noite ou mesmo em dias de pouca luminosidade, mas não quando há sol, mesmo que o solo esteja molhado, como ocorre após as chuvas.

11.10. A ÁGUA

Como já o mencionamos, os *escargots* necessitam de muita umidade, o que significa a necessidade da existência de água para ser utilizada quando necessário, para umidificar o ambiente. Além disso, esses animais dela precisam para beber. Portanto, é necessário que haja disponibilidade de água suficiente para o consumo da criação e para todos os usos do heliário. Além disso, é necessário que seja uma água limpa, de preferência potável e que não seja contaminada ou poluída por inseticidas, detergentes e nem mesmo a de torneira (clorada).

11.11. ALIMENTAÇÃO

Esse é um dos itens mais importantes, não só na criação de *escargots*, mas na de qualquer outro animal.

Por isso, é necessário que tenhamos possibilidade de obter os alimentos naturais necessários para os animais, ou seja, vegetais diversos como hortaliças, determinadas plantações, etc.

11.12. POLUIÇÃO

Não devemos implantar heliários em locais sujeitos às poluições do ar, da terra ou das águas, não só porque isso pode causar a morte dos *escargots*, mas também porque pode contaminar a sua carne, tornando-os impróprios para o consumo. Por isso, devemos evitar heliários muito próximos a lavouras ou plantações que sejam pulverizadas ou tratadas com defensivos agrícolas, inseticidas ou quaisquer outros produtos químicos.

11.13. ALTITUDE

Está, em geral, estreitamente ligada à temperatura da região pois, quanto maior a sua altitude, mais frias são as temperaturas médias das regiões, o que, como já verificamos anteriormente, é de grande importância para os *escargots*. As regiões montanhosas são, de um modo geral, propícias para a criação de *escargots*, pois eles vivem e se reproduzem bem até 1.800m de altitude.

11.14. MATAS

A existência de matas ou florestas, nas imediações do heliário, é de grande importância, pois elas melhoram as condições do ar, evitam os ventos e ainda tornam o ambiente mais úmido, com todos os benefícios que isso certamente acarreta para os *escargots*.

11.15. TERRENO

O perfil do terreno e a sua composição se revestem de grande importância para a implantação do heliário, pois, não só facilita as construções, mas possibilita, também, a plantação de vegetais destinados à alimentação dos animais. É necessário que seja fértil e rico em minerais, principalmente cálcio, pois os *escargots* dele necessitam em quantidades apreciáveis, principalmente para a produção da concha, para o seu sangue, para a rádula, para o opérculo e para o dardo. Esse cálcio é por eles obtido através de alimentos ricos nesse mineral, dissolvido na água que eles absorvem pela pele e raspando, com a rádula, o solo, pedras, paredes, etc. O pH desse solo deve ser de 6,5 a 7,5.

Quando verificamos que os *escargots* estão com o hábito de "comer terra", isto significa que eles estão com carência de sais minerais, principalmente cálcio e que esses elementos lhes devem ser administrados imediatamente, para evitar problemas de alimentação. Quanto mais rico em matérias orgânicas, principalmente, mais fértil é o terreno e mais nutritivos serão os alimentos ou vegetais nele colhidos para a alimentação dos *escargots*. Os terrenos em declive têm a vantagem de permitir um fácil escoamento das águas das chuvas, evitando que fiquem empoçadas, o que seria muito prejudicial aos *escargots*.

11.16. POSSIBILIDADES DE MERCADOS

Sob o ponto de vista prático e, também, sob o aspecto econômico, o ideal seria que toda a produção fosse colocada em mercados o mais próximos possível do heliário, num raio de 150 a 200 km no máximo. Como os maiores e melhores mercados, no entanto, se encontram nas grandes cidades, a implantação de heliários deve ser feita de preferência, justamente próximo a esses centros urbanos.

Capítulo 12
Controle e Registro no Heliário

12.1. FICHAS PARA CONTROLE DE LOTE E FICHAS INDIVIDUAIS

Por melhores que sejam a sua inteligência e a sua memória, o criador não pode "guardar na cabeça" todos os dados e elementos referentes aos seus *escargots*.

Numa criação ou heliário com objetivos comerciais ou industriais, como em qualquer outra empresa, é indispensável um controle rigoroso, não só sobre o que foi produzido ou vendido, mas também, sobre todos os fatores da produção: aquisições de materiais, de animais, de rações, etc.; animais existentes, suas respectivas categorias e outros dados necessários.

Em helicicultura, não há dúvidas a respeito, o fator de produção mais importante são os próprios *escargots*. Assim sendo, o controle sobre eles deve ser o mais rigoroso possível.

Devido, no entanto, à natureza dessa criação, esse controle deve ser exercido principalmente em função de lotes, exceto em casos especiais. Devemos, para isso, possuir fichas especiais para controle de lotes, nas quais constem diversos dados muito úteis, para o seu controle, como os seguintes:

— número do lote; data da formação do lote; número inicial de animais; idade dos animais (a mais aproximada possível); baixas por morte ou descarte e sua data; quantidades de alimentos dados ao lote; outras informações julgadas necessárias; observações sobre fatos inesperados, etc.

Possuindo esses elementos, o criador poderá, com uma certa precisão, saber a situação real da criação, não só para verificar se está ou não dando os lucros esperados, mas também, para fazer as previsões sobre as vendas e suas épocas, para que organize um cronograma de entregas e, naturalmente, de receitas.

Em casos especiais, para uma seleção rigorosa, podemos marcar os *escargots*, individualmente, e fazer, para controle, uma ficha individual contendo os elementos para o controle desejado: desenvolvimento, idade, desovas, número de ovos, etc.

Capítulo 13
Métodos de Identificação

Para que o criador possa fazer uma seleção dos seus *escargots*, principalmente com o objetivo de escolher os melhores para a reprodução, pode empregar quatro métodos bastante simples e eficazes: *marcação à tinta; etiqueta adesiva; cor; misto*.

13.1. MARCAÇÃO À TINTA

É um método muito simples.

Basta que o criador disponha de uma tinta especial para tatuagem ou mesmo nanquim, preta ou de qualquer outra cor e um pincel fino ou uma caneta. Para identificar um *escargot*, por este método, basta escrever, em sua concha, números ou letras ou quando for o caso, números e letras ao mesmo tempo, ou até mesmo símbolos.

13.2. ETIQUETA ADESIVA

Este método de identificação se resume em colar, na concha do *escargot*, um pedaço de fita adesiva, na qual são escritos números ou letras ou então, como no caso do método anterior, números e letras ou símbolos.

13.3. COR

Este terceiro método de identificação, por nós apresentado, aproveita a variação das cores, como um código de identificação. Assim sendo, a cor azul, por exemplo, significa os animais selecionados para a reprodução, nascidos no ano de 2003; a cor verde já em reprodução, nascidos em 2002, etc. Essas cores tanto podem ser marcadas à tinta, como também, com a aplicação de etiquetas adesivas coloridas.

13.4. MÉTODO MISTO

Podemos empregar, ainda, este método que denominamos de "misto" porque, não só identifica os *escargots*, pela sua categoria ou destinação, mas também, individualmente. Para isso, basta que nos utilizemos de etiquetas coloridas, nas quais são gravados números ou letras ou, então, combinações desses caracteres ou símbolos.

Números

Etiquetas com números

Etiqueta colorida com ou sem números

Capítulo 14
Instalações

14.1. GENERALIDADES

Desde tempos imemoriais, o homem já caçava ou coletava *escargots* para a sua alimentação e isso, com muita facilidade, pois eles abundavam em todas as regiões. Mais tarde, por precaução ou um certo comodismo, saía pelos campos e matas, colhia-os em grandes quantidades e os prendia em cercados ou caracoleras muito rústicas e que variavam muito de tamanho. Esses cercados eram usados para a engorda de *escargots* já quase adultos e para a conservação dos adultos. Serviam, também, para a criação, feita da maneira mais empírica e os resultados eram os menores ou piores possíveis, pois a mortalidade era muito grande, tanto dos animais novos, como dos adultos, pois não resistiam às condições de criação proporcionadas por essas instalações muito rústicas e que os deixavam à mercê das condições climatéricas como quedas, elevações ou variações bruscas de temperatura, chuvas em excesso, inundações, ataques de predadores, vegetação não adequada, etc.

Essas instalações eram, portanto, mais para a estocagem ou armazenagem dos *escargots* obtidos "no mato" do que, propriamente, para a sua criação. Além disso, eram utilizadas principalmente para a produção dos *Helix pomatia* ou *Bourgogne*. Como estes se dão melhor nas mesmas regiões em que têm o seu ambiente natural, era nessas regiões que se encontravam essas instalações.

Atualmente, a criação de *escargots* já se desenvolveu bastante, em relação ao estado em que se encontrava há alguns anos, mas o seu desenvolvimento será muito melhor.

Sistema em "estufa" francês (Escargots Funcia - SP)

Passamos a estudar os parques e outras instalações para a criação de *escargots*, mas já modernizadas e dentro da melhor técnica, destinadas à criação do *Helix aspersa* ou *Petit gris* e também de outras espécies.

14.2. TIPOS DE INSTALAÇÕES

Podemos dividir as instalações para a criação de *escargots* em quatro tipos principais:

— *para reprodutores*, nas quais, como o seu nome o indica, ficam os animais selecionados para a reprodução;

— *de cria*, onde são colocados e mantidos os *escargots* novos, até à idade de três meses. Podem ser nele mantidos 80 animais por metro quadrado, tanto os nascidos dos lotes de reprodutores, como os que nasceram dos lotes destinados à recria e à engorda;

— *de recria*, nas quais ficam os *escargots* desde os três meses, saídos dos parques de criação, até serem destinados para o consumo, para a engorda ou para os lotes de reprodução, o que ocorre em períodos que variam com diversos fatores, de acordo com a espécie a que pertençam;

— *de engorda*, nas quais são colocados os animais já adultos, para que adquiram maior desenvolvimento, mais peso e melhor qualidade de carne, para o que são submetidos a uma alimentação adequada. Nessas instalações devem ser colocados 80 a 100 *escargots* por metro quadrado.

Viveiro de aclimatação e quarentena (Escargots Funcia - SP)

14.3. NÚMERO DE ESCARGOTS POR METRO QUADRADO

O número de animais colocados em determinada área é da maior importância porque:

— se colocarmos um número de *escargots*, inferior à capacidade da instalação, há um sub-aproveitamento da mesma, o que significa prejuízo, pois uma capacidade ociosa representa um investimento maior para a mesma produção, aumentando assim, os preços de custo;

— quando colocamos um maior número de animais na mesma área ou instalação, do que normalmente ela comportaria, provocamos excesso de população ou uma aglomeração, sempre prejudicial para o crescimento e reprodução dos animais, além de contribuir para um maior índice de mortalidade.

Assim sendo e segundo experiências de H. Chevallier, na França, a capacidade das instalações seria a seguinte:

Categoria	*Número de animais por m²*
Adultos - *Helix aspersa*	100
- *Helix pomatia*	50
- *Helix lucorum*	50
Escargots com peso de 1g	1.000
Escargots com peso de 2g	750
Escargots com peso de 5g	300

Esses resultados foram obtidos através do cálculo da biomassa, ou seja, a capacidade biológica de vida em determinada área, para os adultos e de crescimento ou desenvolvimento, para os jovens. Essa biomassa foi calculada por H. Chevallier, para animais criados sobre o solo, em 1,5kg por m² para os *escargots* adultos e de lkg, menor, portanto, para os animais jovens. Esses valores não devem ser ultrapassados, pois o risco é muito grande, em virtude dos problemas que disso, certamente, advirão. Para os reprodutores, no entanto, segundo alguns autores, a população deve ser de 60 *escargots* por m², para que tenham bastante espaço para fazer os seus ninhos e realizar as suas posturas.

Devemos nos lembrar sempre, de que, quando colocamos um certo número de *escargots* adultos, em uma determinada instalação, eles podem se reproduzir, produzindo, cada um deles, pelo menos 50 filhotes por postura, se forem *Helix aspersa* e 30 no caso de *Helix pomatia*, o que iria causar superpopulação, se não for calculada a área, também para eles.

14.4. ÁREA OU TAMANHO DOS PARQUES

Pode variar muito, pois não há conhecimento de dimensões ideais. O cálculo, de um modo geral, para a área a ser construída, deve ser baseado no número de *escargots* a serem nele instalados, mas sendo sempre levado em consideração, não só os animais aí colocados mas também os que vão nascer, para evitar que, mais tarde, haja problemas devido a uma superpopulação ou aglomeração ou, então, que não haja espaço para o aproveitamento de todos os nascidos.

Podemos, no entanto, construir parques de 100m^2, ou seja, de 10m x 10m, isto é quadrados ou então retangulares, com 4 ou 5m de largura por 10m ou mais de comprimento.

Outras dimensões poderão ser 5m x 5m ou então um parque com 2m de largura por 4m de comprimento. Para criações menores, podemos adotar os parques de 2m x 2m. Nos parques maiores, há necessidade da existência de corredores para passagem do criador para as fiscalizações, manejo, coleta, etc., enquanto que eles não são necessários para os parques pequenos. É aconselhável, ainda, que os parques sejam divididos em 3 ou 4 partes ou divisões, das quais uma é utilizada no princípio, enquanto que as outras vão sendo aproveitadas à medida das necessidades, de acordo com o aumento do tamanho e do número de animais. Essa rotação tem a vantagem de permitir um melhor crescimento da vegetação, quando for adotada a sua plantação dentro do parque.

Podemos, também, adotar o sistema de uma divisão de 2m x 2m, dentro do parque, somente para os reprodutores, o que trás as seguintes vantagens:

— permite manter um controle maior sobre os animais;

— possibilita melhores condições para a postura e para a eclosão dos ovos;

— facilita a distribuição dos alimentos ou rações especiais para adultos, para os *escargots* em crescimento, etc.

14.5. PARQUES PARA O *PETIT GRIS*

Quando vamos construir uma caracoleira ou parque, para esses *escargots*, devemos levar em consideração, os seguintes fatores: capacidade; solo; proteções laterais e superior; vegetação e acessórios.

Viveiro com tela de sombrite no teto e laterais

Parque criatório de Helix sp (Escargots Funcia - SP)

14.6. SOLO

O ideal é uma terra fértil, rica em cálcio e com um pH 6,5 a 7,5 ou seja, neutro ou ligeiramente alcalino, pouco acima desse valor. Além disso, não deve ser impermeável, para evitar que o solo do parque fique encharcado, quando chove muito, pois, como já o mencionamos, os *escargots* necessitam de umidade, mas até certo ponto, para evitar que fiquem hidratados demais, o que lhes é prejudicial e até mortal. Por isso, quando o solo não preenche as condições exigidas, deve ser corrigido, sofrendo o tratamento indicado em cada caso, como poderemos verificar, a seguir:

— quando o terreno é alagadiço, o indicado é fazer uma valeta mais ou menos profunda e larga, de acordo com as necessidades, ao redor do parque ou, então, uma drenagem dentro do parque, com a utilização de tubos perfurados;

— para solos arenosos e ácidos, usar adubo orgânico e fazer uma calagem com calcáreo dolomítico ou mesmo cal;

— quando o solo é barrento e fraco em cálcio, aplicar areia de rio, adubo orgânico e calcáreo;

— se o solo for barrento ou argiloso e possuir um bom teor de cálcio, basta fazer uma adubação com adubo orgânico.

Para evitar o crescimento de "mato" sobre a terra do parque, podemos esticar, sobre o seu solo, um plástico preto, mas com furos para evitar o empoçamento das águas das chuvas sobre ele.

14.7. CERCAS

Para manter os *escargots* nas áreas desejadas e para protegê-los dos predadores e dos competidores, devemos construir cercas de tela de náilon de malhas finas, de 1 a l,5mm ou 5mm para os parques ou criadeiras de *escargots* pequenos e de 20mm para os de adultos. O melhor, porém, é usar, sempre, as malhas mais finas, porque os *escargots* podem nascer em qualquer parque.

Essas cercas de parques devem ter 1,70m de altura, para permitir que o criador ou seus empregados neles penetrem, pois isso facilita todos os trabalhos de limpeza, exame, fiscalização, distribuição de alimentos, coleta de animais e, enfim, todo o manejo. Podemos utilizar, também, cercas de 60 a 80cm de altura. As cercas devem ser apoiadas sobre muretas de 50cm, sendo 30 enterrados

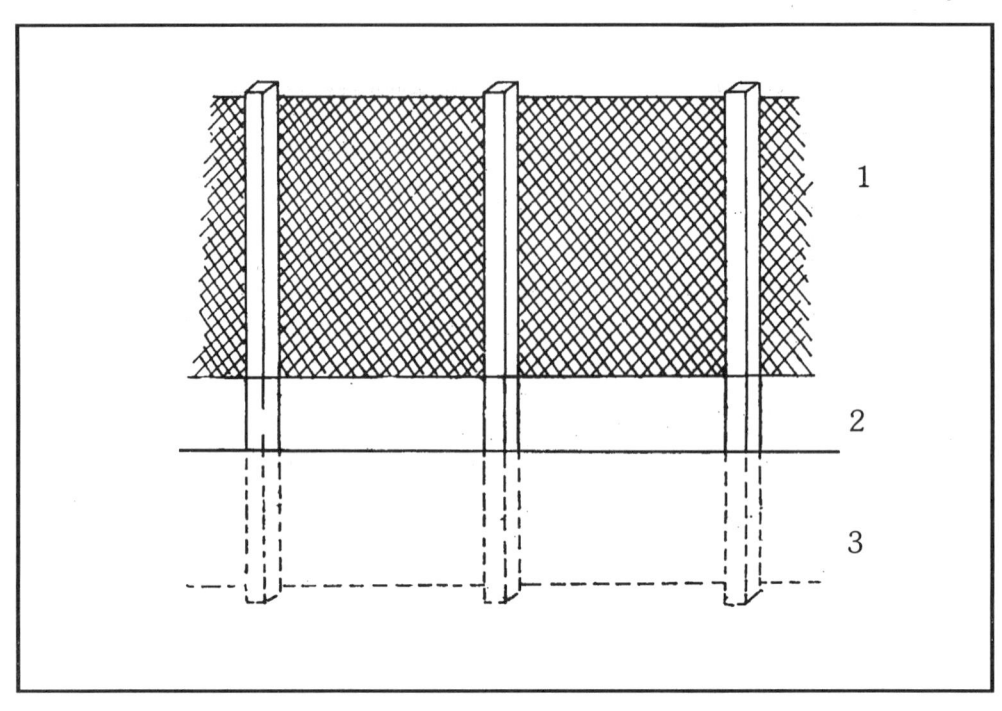

Cerca para parques:
1 - parte da tela; 2 - mureta; 3 - parte enterrada (mourões e mureta).

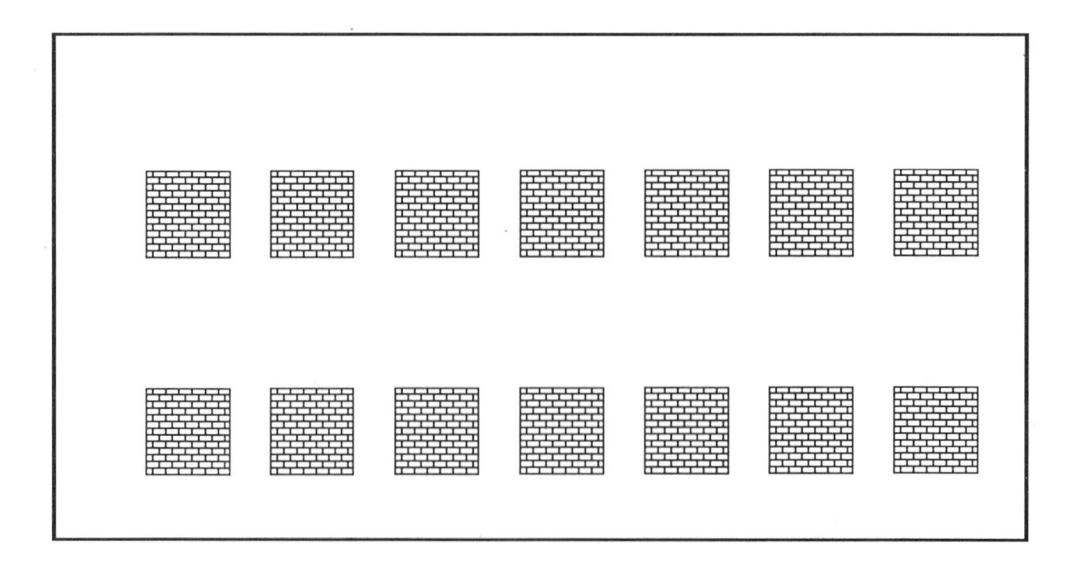

Esquema de parque, mostrando os corredores com placas de cimento.

Tipos de dispositivos antifugas mecânicos, de um só lado, para a parte superior de cercas altas ou baixas.

Dispositivos antifugas para 2 lados, destinados a cercas divisórias entre 2 parques.

Dispositivo antifuga elétrico. Notar as 3 fitas metálicas eletrificadas e o escargort dando meia-volta ao tocar na primeira delas.

e 20cm sobre a superfície da terra, e na qual é apoiada e fixada a tela de náilon. A parte enterrada destina-se a impedir a entrada de ratos e de outros predadores que tentarem passar por baixo da cerca. Naturalmente que, se a parte enterrada for maior, a garantia de proteção será, também, maior. Outra técnica para a proteção dos *escargots* confinados em parques, quando somente a cerca com a parte enterrada não for suficiente para proteger os animais, é cobrir o solo com uma rede de náilon de malhas finas e sobre ela, colocar uma camada de terra, formando o piso do parque.

14.8. REDES OU TELAS DE COBERTURA

Como já o mencionamos, muitos predadores e competidores são alados ou mesmo podem ultrapassar as cercas de proteção. Além disso, os próprios *escargots* podem passar por cima das cercas e fugir. Para evitar esses problemas, devemos cobrir os parques com telas de náilon de malhas finas, de 1,5 a 2mm, para que nem mesmo pequenos insetos possam penetrar nos parques ou que os *escargots*, ainda pequenos, possam dele fugir. Essa cobertura deve ser bem fixada às cercas e de tal maneira, que não fiquem espaços ou aberturas que permitam a passagem dos citados animais. Como essas coberturas são grandes, devem ser apoiadas em suportes ou postes, em cujas pontas sejam colocados dispositivos para evitar que sejam furadas ou que se rasguem. Quando o parque se destinar somente a *escargots* maiores ou adultos, as telas poderão ter as malhas maiores, de 2 a 5mm, dependendo das circunstâncias e das regiões em que se localizem os heliários. Além das paredes e da cobertura de tela de náilon para evitar a fuga dos *escargots*, existem alguns dispositivos antifugas, sobre os quais trataremos mais adiante.

14.9. MANIA DE ESCALAR OU DE FUGIR

Os *escargots* ou têm um senso de liberdade muito grande ou então sofrem de claustrofobia, pois não podem ver um obstáculo à sua frente e imediatamente tentam ultrapassá-lo. Esse seu comportamento traz, inclusive, problemas para a criação de *escargots* em cativeiro, tanto em criadeiras quanto em parques, pois eles não se conformam com a prisão e tentam ultrapassar as cercas ou paredes, subindo por elas, mesmo quando são de vidro e verticais, o que fazem com bastante facilidade. É por isso que tanto as criadeiras quanto os parques devem ter coberturas.

14.10. FOSSO DE ÁGUA

Como uma proteção aos parques ou para impedir a fuga de *escargots* que ultrapassaram a cerca, podemos utilizar um fosso de 30 a 40cm de largura e cheio de água, contornando toda a instalação pelo seu lado externo e a uns 80 a 100cm da cerca externa. Esse fosso tem a vantagem de drenar o terreno e de servir para umidecer o ambiente.

14.11. DISPOSITIVOS ANTIFUGA

Podem ser de vários tipos, tamanhos e princípios. Devem ser colocados nos parques e nas cercas baixas ou altas em que forem necessários, para evitar a fuga dos *escargots*. Esses dispositivos podem ser mecânicos ou elétricos.

14.11.1. Dispositivo Antifuga Mecânico

Esse dispositivo antifuga nada mais é do que uma tela ou rede de náilon de malhas finas, presa no alto da parede ou da cerca do parque, do seu lado interno, ou de outra cerca mais baixa, existente em seu interior. Essa tela deve ser recurvada para baixo, formando um ângulo. Pode ser, também, a parte de cima da cerca, que é recurvada, formando um ângulo e depois inclinando-se para baixo, para evitar a sua transposição pelos *escargots*. Quando a cerca separa dois parques, sua parte superior deve ser em "T", para evitar a fuga de *escargots* de ambos os lados.

14.11.2. Dispositivos Antifuga Elétricos

Resumem-se em um conjunto de fios ou lâminas metálicas eletrificadas e de polos opostos. São alimentados por uma corrente elétrica de 6 volts, fornecida por uma pilha elétrica. Podemos utilizar, também, a corrente elétrica comum, da rede elétrica pública, bastando que usemos um transformador para 6 volts. Basta que os *escargots* esbarrem na "cerca" elétrica para que tomem um choque e não mais sigam em frente: dão meia volta, pois não podem dar marcha-à-ré. Ficam até condicionados e não mais esbarram na cerca, mesmo quando desligada.

14.12. A ÁGUA E SUA DISTRIBUIÇÃO

Os parques ou caracoleiras ao ar livre recebem umidade e água suficientes, nos dias de chuvas, o que satisfaz as necessidades dos *escargots*. Como, porém, esses animais necessitam de muita umidade, todos os dias, é necessário que coloquemos, nos parques a eles destinados, dispositivos especiais para aspergir água sob a forma de um fino chuvisco, em toda a sua área, todas as tardes dos dias em que não houver chuvas ou neblina suficientes para produzir a umidade necessária aos moluscos. Esses dispositivos ou aparelhagem podem constar apenas de canos de material plástico como PVC, alguns chuveirinhos e os registros destinados ao controle do volume de água e ao seu fechamento, quando não mais for necessária para a rega ou a pulverização desses locais.

Podemos, no entanto, optar por um dos sistemas a seguir:

— torniquetes para regar os parques ou caracoleiras;

— "chuveirinhos" para aspergir água sob a forma de chuvisco, sobre toda a área do parque. Neste caso, o encanamento pode ser suspenso e a água lançada como nos chuveiros, de cima para baixo ou, então, ao nível do solo ou nele enterrado e com os esguichos para cima, caindo a água, de volta, sob a forma de uma fina chuva. A quantidade de água distribuída varia de acordo com diversos fatores como temperatura, umidade relativa do ar, etc., mas sempre visando um grau de umidade bem elevado, acima de 80% e ideal de 86%.

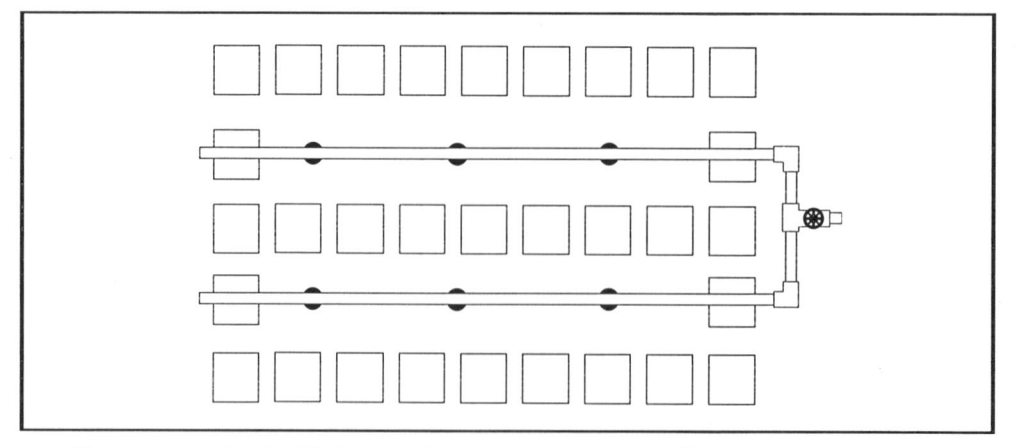

Parque de criação. Notar as plaquetas de cimento (formando paisagens), o encanamento e os chuveirinhos.

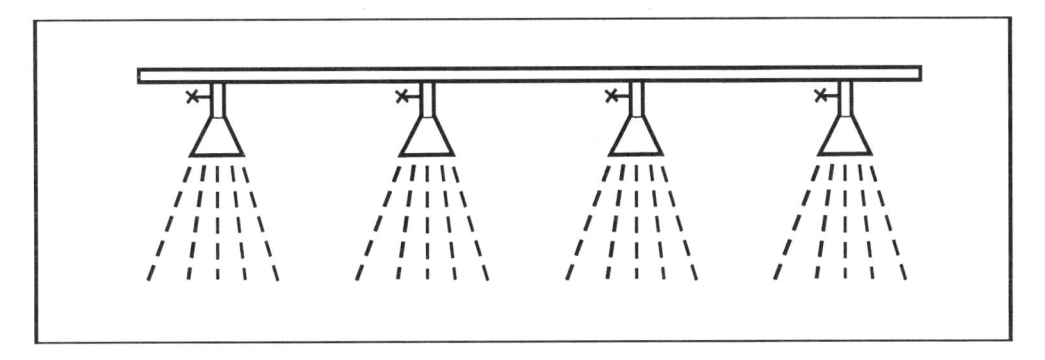

Chuveirinhos para a aspersão de água nas instalações.

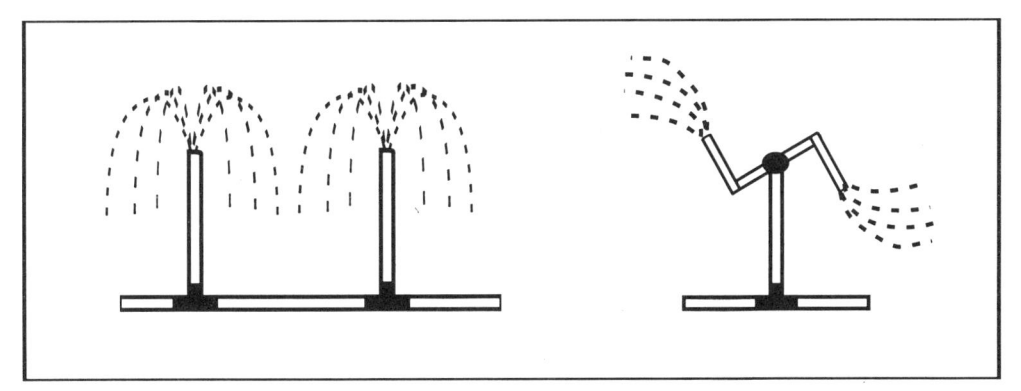

Aspersores de água tipo "Chafariz" • *Torniquete para aspersão de água.*

14.13. MATERIAL EMPREGADO NO HELIÁRIO

Nem sempre o material de menor preço de custo é o mais barato, pois, se não for de boa qualidade, terá que ser substituído mais rapidamente, o que significa uma nova despesa de aquisição, além da mão-de-obra que será empregada nos serviços de reparos ou substituições. Por isso, devemos utilizar as telas e redes de náilon, por ser um material resistente e de longa durabilidade.

Quanto aos mourões para as cercas, podem ser de cimento, madeira, metal ou mesmo canos de PVC cheios com cimento. A escolha depende de uma série de fatores como preços, facilidade de aquisição, etc. Quando forem de ferro, os mourões devem ser protegidos com pinturas protetoras contra ferrugem. Os mourões de madeira devem ser "imunizados", isto é, submetidos a um tratamento para evitar que apodreçam, principalmente na parte que fica enterrada. Para isso, existem produtos especiais no mercado. Podemos usar, também, alcatrão, óleo queimado de automóvel, etc., nos quais é mergulhado o "pé" do mourão, ou seja, a parte que vai ficar enterrada. Esse tratamento, no entanto, pode ser feito em todo o mourão, mesmo na sua parte que vai ficar ao ar livre pois, assim, a sua duração será bem maior.

14.14. PASSAGENS OU CORREDORES DE SERVIÇO DENTRO DOS PARQUES

Para que possa fazer um bom manejo na criação, é necessário que o criador possa, com facilidade, andar ou circular por dentro do parque, quando este for grande, sem o perigo de pisar e esmagar os *escargots*, principalmente os pequenos, quase invisíveis, pelo seu tamanho. Para evitar que isso aconteça, podemos fazer os corredores ou passagens com placas de cimento ou de madeira, muito usados em gramados ou jardins. Mesmo assim, ainda é aconselhável que antes de pisarmos nas placas façamos, com todo o cuidado e "bem de leve", uma varredura sobre elas, para evitarmos pisar em algum *escargot* que nelas se acomodou e "dormiu".

Esses corredores ou passagens podem ficar paralelos, no sentido longitudinal (ao comprido) do parque e separados 1,5 a 2m uns dos outros.

Podemos construir, também, para substituir os corredores, uma passarela a uns 20cm do solo e com dispositivos antifugas em toda a sua extensão, para evitar que os *escargots* nela subam e corram o risco de serem pisoteados. Essa solução, além de ser a mais complicada é, ainda, a mais cara e menos prática.

14.15. COMEDOUROS

São utilizados para o fornecimento de farinhas, farelos ou rações balanceadas para os *escargots*. Podem ser de plástico, de madeira ou de qualquer outro material, desde que adequado a esse tipo de utilização, para que não haja problemas de contaminação ou alteração de gosto ou qualidade dos alimentos que nele forem colocados.

Devemos, no entanto, levar em consideração, o fator econômico, ou seja, o preço de custo do material. Basta que proporcionemos lcm linear de comedouro por *escargot* existente no parque em que eles forem colocados. É necessário que os comedouros possuam uma cobertura para evitar que neles penetrem as águas das chuvas, alterando e até mesmo estragando e inutilizando os alimentos neles contidos. Essas coberturas devem ficar a 25 cm de altura do comedouro e podem ser construídas com folhas ou placas de diversos materiais como, por exemplo, plástico, fibrocimento, madeira impermeabilizada ou forrada, na sua parte externa, com uma folha de plástico, etc.

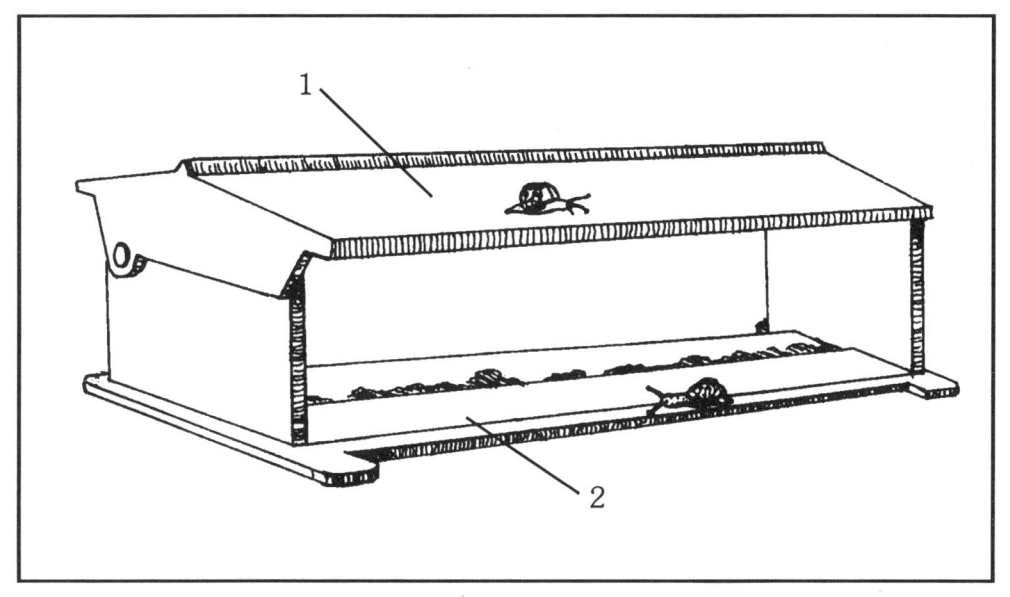

Comedouro para escargots: 1 - tampa; 2 - local para colocar a "comida".

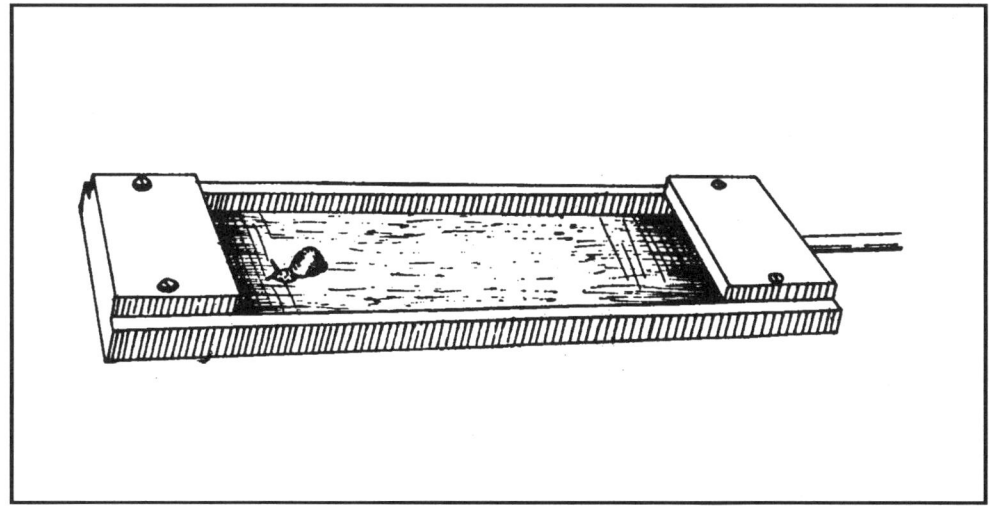

Bebedouro para escargots.

14.16. BEBEDOUROS

Podemos utilizar, nos heliários, dois tipos básicos de bebedouros, ambos com um bom desempenho. A sua escolha depende das circunstâncias e do gosto do criador.

— *tipo de nível constante;*

— *sistema gota-a-gota.*

Passamos, a seguir, a descrever cada um dos tipos de bebedouros anteriormente mencionados.

14.16.1. Bebedouro de Nível Constante

Nada mais é do que um recipiente, em geral retangular, cheio de pedrinhas britadas até praticamente à sua borda ou então uma lâmina de espuma de náilon. Possui uma torneira, cuja vazão de água é controlada para manter o bebedouro sempre cheio, mas com o nível de água ligeiramente acima do nível das pedras ou da espuma de náilon, para evitar que os *escargots* possam se afogar quando vão beber água. Um "ladrão" deixa o excesso de água escorrer, evitando a elevação do nível da água. Podemos usar para isso, também, uma bóia.

14.16.2. Bebedouro Tipo Gota-a-Gota

É formado por uma torneira ou um bico acoplado a um cano de água, cuja vazão é controlada por um registro ou uma torneira, para que os pingos d'água caiam de acordo com o ritmo desejado pelo criador, para evitar um excesso de água. Debaixo desse bico, para receber os pingos de água, devemos colocar uma caixa com pedras britadas, uma telha ou mesmo uma tábua ou tabuleiro de bordas bem baixas, de 1 ou 2cm de altura ou, então, uma lâmina de espuma de náilon. Devemos colocar os bicos de água a um metro de distância uns dos outros, nos encanamentos. Naturalmente que, quando os *escargots* recebem somente forragens verdes, necessitam de menos água do que quando recebem, também, alimentos concentrados como farinhas, farelos ou rações balanceadas.

14.17. MANGEDOURAS

As forragens verdes não devem ser colocadas diretamente sobre o solo, para evitar que se contaminem ou que se deteriorem mais rapidamente. Por isso, devemos colocá-las em mangedouras que podem ser simples estrados de madeira ou qualquer outro material adequado e a uma altura de 5 a 10cm do solo. Essas mangedouras devem ser espalhadas por todo o parque, a intervalos regulares e de preferência perto dos refúgios, para evitar que os *escargots* andem muito para procurar comida.

Parque para criação de escargots.
1 – placas de cimento formando o corredor;
2 – telhas tipo canal servindo de comedouros e bebedouros;
3 – telhas em diversos "arranjos", para o refúgio dos escargots;
4 – torniquete para a aspesão da água.

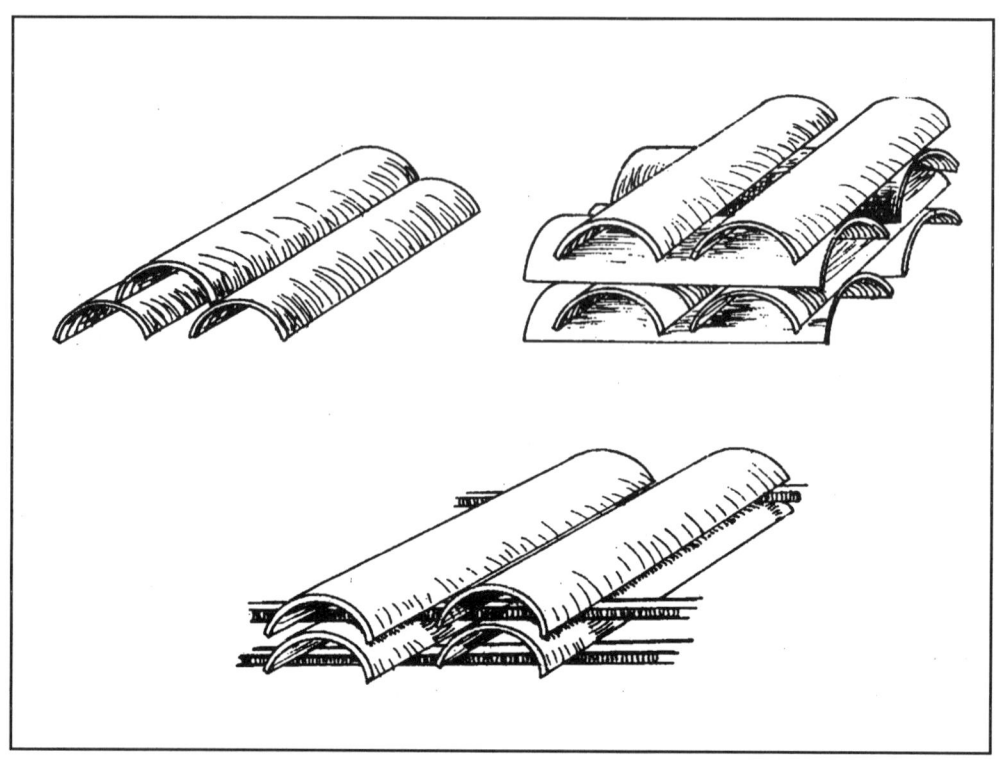

Arranjos com telhas "canal" para refúgio de escargots.

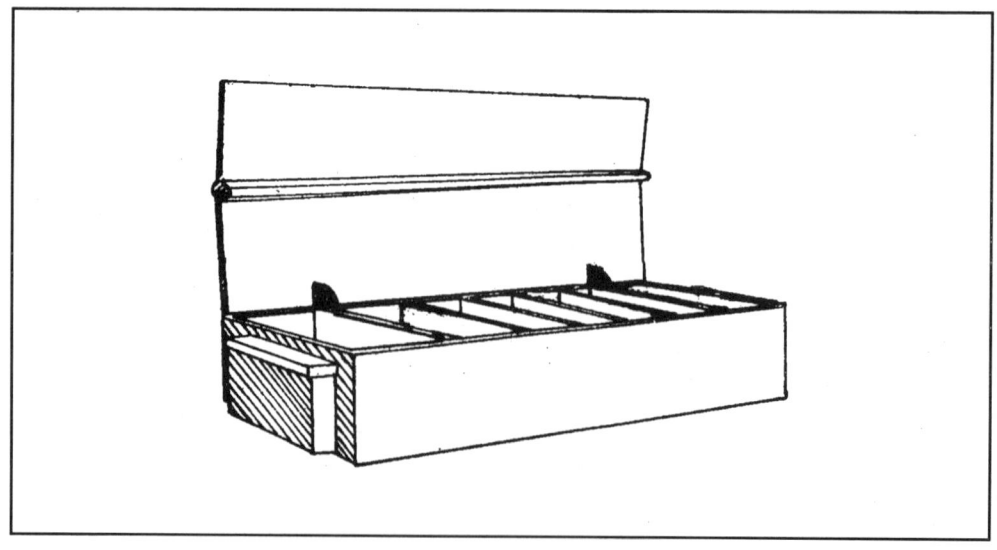

*Refúgio para escargots.
Notar as divisões ou painéis para os escargots se refugiarem.*

Capítulo 15
Criação em Galpões

15.1. GENERALIDADES

Como verificamos anteriormente, a criação pode ser feita ao ar livre, ou seja, em parques ou outras instalações sem coberturas para proteger os animais das chuvas e do sol diretos sobre eles. Mesmo os parques com telas para proteção contra predadores, são considerados "ao ar livre". Já a criação em galpão ou construções com coberturas de telhas ou de outros materiais que protejam os animais das chuvas, do sol e também dos ventos, apresentam uma série de vantagens e cremos, mesmo, que serão as mais adotadas em futuro bem próximo. O único inconveniente desse tipo de instalações é que exige um maior investimento inicial. Devemos notar, no entanto, que essas construções não precisam ser caras ou luxuosas, mas que podem ser bem baratas e bastante rústicas, desde que possuam algumas características exigidas para esse tipo de criação. Podemos, também, aproveitar outras construções já prontas ou mesmo já usadas para outras criações, como paióis, depósitos de materiais, estábulos, cocheiras, pocilgas, galinheiros, etc., sendo possível adaptá-las com facilidade e com poucas despesas. O objetivo principal da criação, em ambientes fechados, é a possibilidade de controle das condições ambientais, para que possam ser oferecidas, aos *escargots*, as melhores condições possíveis para as suas necessidades orgânicas. Portanto, o que buscamos, com esse tipo de construção, são os seguintes objetivos ou vantagens que nos pode proporcionar:

— controle da temperatura, permitindo que a mantenhamos dentro dos limites exigidos pelos *escargots* e sempre constante, durante todo o ano, quando isso for aconselhável;

— manutenção de um grau de umidade satisfatório para manter esses moluscos em atividade evitando, ainda, que sofram desidratações;

— podemos controlar o grau e o tempo de luminosidade dentro do heliário;

— permite que aproveitemos uma grande percentagem de ovos que seriam perdidos nas criações ao ar livre, que dependem das condições climatéricas naturais;

— a percentagem de eclosões é muito maior do que em condições naturais;

— o número de animais criados até à idade adulta é muito maior, o que significa maiores lucros;

— o crescimento e o desenvolvimento dos animais é maior e mais rápido, devido às condições de vida que lhes são oferecidas;

— os animais assim criados são mais precoces, não só ficando "prontos" para a comercialização, com menos idade, mas também atingem a puberdade mais cedo, o que significa sua entrada em reprodução, também mais cedo;

— os *escargots* ficam totalmente protegidos dos predadores e dos competidores, além de, também, de ladrões;

— permite que sejam mantidas as melhores condições sanitárias na criação, evitando o aparecimento de doenças infecciosas ou parasitárias, bem como das orgânicas, pelo melhor manejo que recebem os animais;

— permite que o criador mantenha um controle mais perfeito sobre toda a sua criação;

— facilita a coleta dos *escargots* de todas as idades, de acordo com as necessidades do manejo;

— a distribuição dos alimentos é bastante facilitada;

— os serviços podem ser executados quaisquer que sejam as condições do dia, sejam eles de sol ou de chuva, pois a criação estará protegida debaixo de coberturas.

Esse tipo de instalação é mais eficiente, ainda, para a incubação dos ovos e para os recém-nascidos e animais muito novos, pois os adultos são mais resistentes e toleram, melhor, as condições proporcionadas pelas criações ao ar livre.

CRIAÇÃO EM GALPÕES

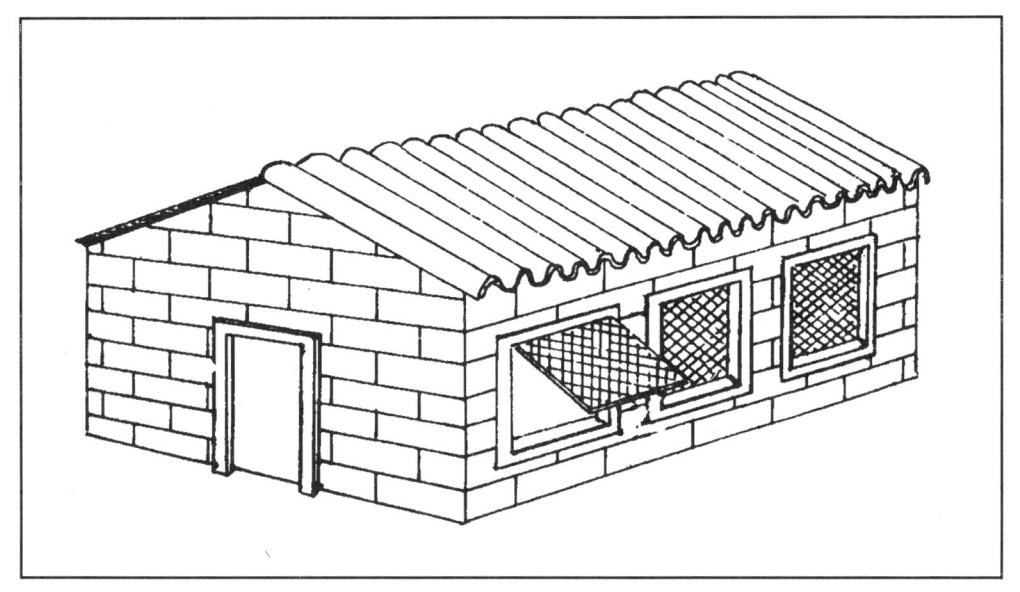

*Galpão fechado de duas águas e de parede de alvenaria.
Telhas onduladas. – Janelões de tela de malha fina.*

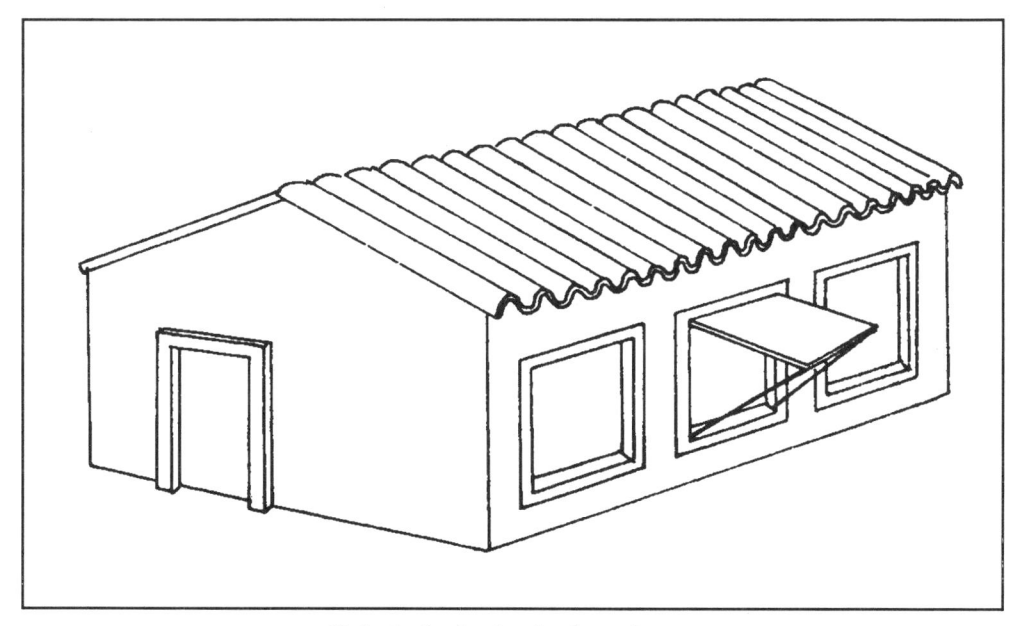

*Galpão fechado de duas águas.
Paredes de plástico. – Telhado de material ondulado. – Janelões de material
plástico e que podem ser abertos para ventilação e controle de temperatura.*

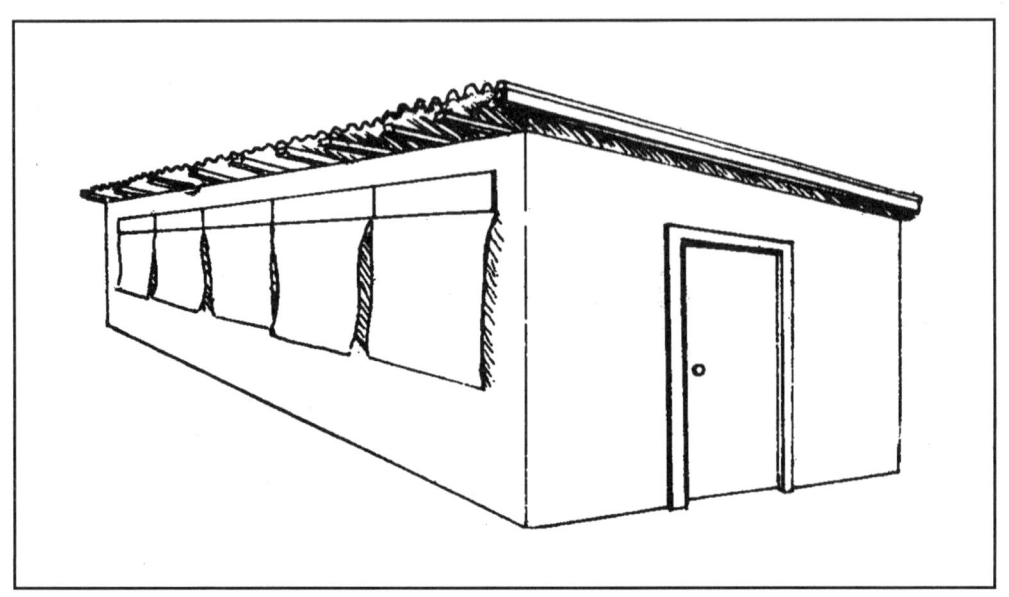

Galpão fechado, de uma só água. Notar as cortinas para controle de temperatura.

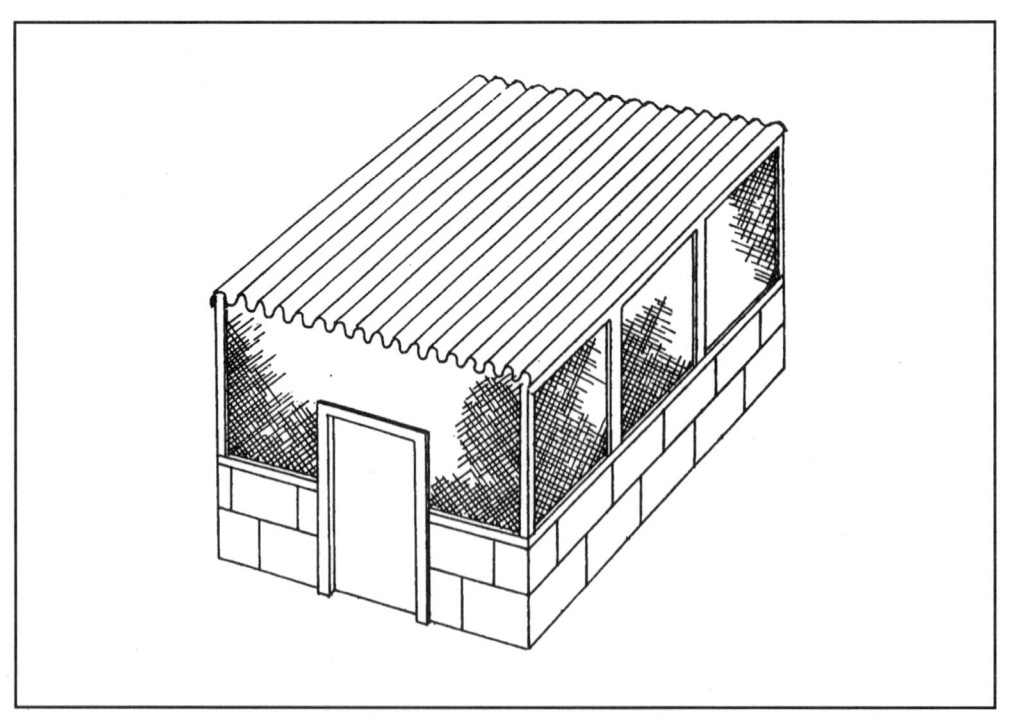

Galpão pequeno, de uma só água. Telhas onduladas. – Tela de malha fina. Parede de alvenaria ou outro material opaco. – Porta de madeira.

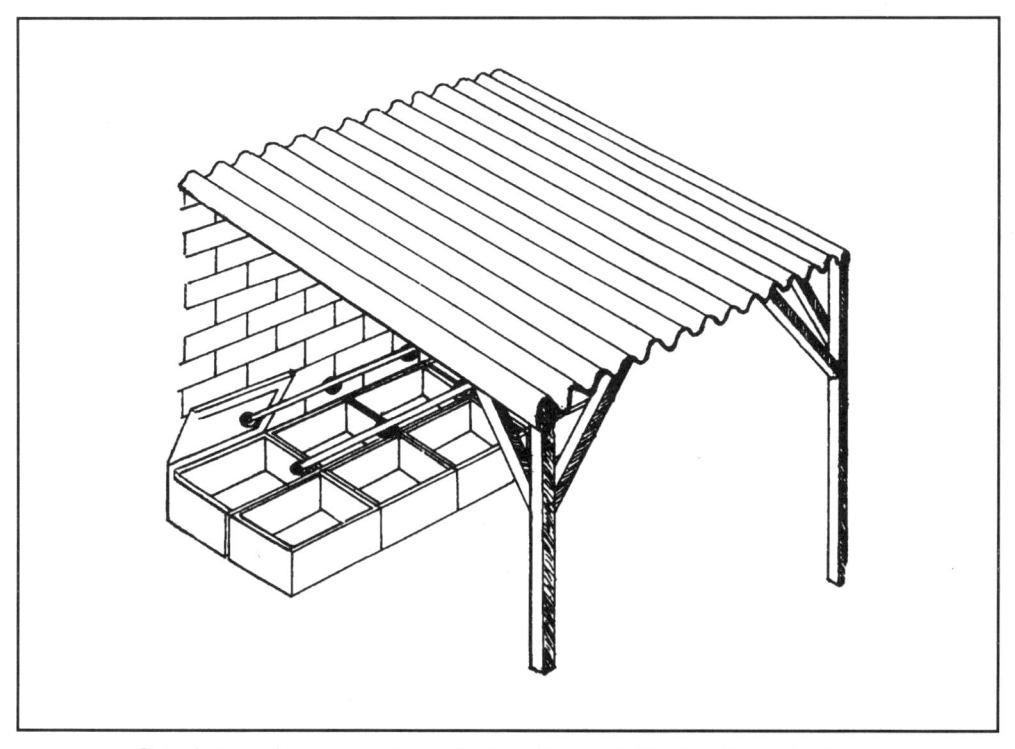

*Criadeiras de escargots embaixo de um telhado de meia-água.
Notar o encanamento e os chuveirinhos.*

15.2. AS CONSTRUÇÕES

Podem variar muito de tamanho e tipo, desde que sua cobertura proteja o seu interior, não deixando nele penetrar as chuvas ou os raios solares. Essas construções, que designaremos por *galpões*, podem ser: *abertas* ou *fechadas*.

15.2.1. Galpões Fechados

São os que possuem as laterais e cabeceiras totalmente fechadas com tijolos, blocos, pré-moldados, tábuas ou compensados de madeira e outros materiais empregados em alvenaria. Podem e devem possuir uma ou mais portas, bem como janelas que possam ser abertas na medida das necessidades e mesmo respiradouros ou lanternins, conforme o tipo de construção e a região em que se encontram. Sua cobertura pode ser de telhas de barro tipo "francesa" ou canal; de fibrocimento; de plástico; de madeira, etc., de acordo com as conveniências do criador, principalmente em relação aos preços de custo e à facilidade de aquisição. Esses galpões podem ter as paredes até certa altura fechadas com os materiais anteriormente mencionados e a parte de cima, de tela. É necessário, ainda, uma cortina para ser fechada nos dias mais frios e aberta, nos mais quentes.

15.2.2. Galpões Abertos

São aqueles que possuem as paredes de tela e cortinas para serem mais ou menos abertas, permitindo um certo controle sobre a temperatura, a ventilação e a umidade interna do galpão. Além disso, podem possuir janelões para serem abertos, quando necessário refrescar ou arejar o interior do galpão. Esses galpões possuem, apenas, a mureta sobre a qual é apoiada a tela das paredes. Mais uma vez, afirmamos que as instalações, no caso os galpões, não precisam ser de construção cara, complicada ou luxuosa: podem ser bem simples, rústicos e baratas, desde que preencham um mínimo das condições técnicas e sanitárias necessárias para a criação dos *escargots*. Esses galpões podem ir desde simples meias-águas a galpões maiores, de uma ou duas águas, dependendo das circunstâncias. Para a criação de *escargots*, podemos utilizar até mesmo um quarto, uma garagem ou qualquer cômodo que possa ser adaptado para isso. Quando, porém, vamos fazer a sua construção, é necessário que consideremos alguns fatores de grande importância, como verificaremos a seguir.

15.3. CAPACIDADE

O galpão deve ter a sua capacidade calculada, não só de acordo com o número de *escargots* a serem nele colocados, como rebanho inicial, mas também, para que possa abrigar os animais que irão nascer.

15.4. AMPLIAÇÃO

Quando uma pessoa inicia uma criação ou qualquer outro negócio, acredita, sempre, no sucesso e na necessidade de uma expansão do seu empreendimento. Assim sendo, é de grande importância que já seja feita uma previsão para que não só se torne possível, mas também, que seja facilitada a ampliação das já existentes ou a construção de novas instalações. Isso pode ser feito com a reserva de terreno, uma boa disposição das instalações ou detalhes de construção, com características tais, que facilitem a sua ampliação.

15.5. MATERIAIS

Muitos são os materiais que podem ser empregados na construção de galpões para a criação de *escargots*. É necessário, no entanto, que sejam escolhidos os que mais satisfaçam tecnicamente, sejam encontrados com facilidade e que sua aquisição possa ser feita de maneira econômica ou, melhor ainda, que o criador já os possua, como reaproveitamento de outras construções ou que possa obter no próprio imóvel.

15.6. COBERTURAS

Para cobrirmos os galpões, podemos usar diversos materiais entre os quais podemos citar os que se seguem:

— *telha de barro* tipo "francesa", talvez o melhor material para a cobertura, por facilitar o arejamento e ser bem "fresca";

— *telha de barro tipo "canal"*, cujo inconveniente é ser muito pesada, sendo muito usada como obrigo para os *escargots*, como verificaremos em outro capítulo. Existe um tipo menor do que o tradicional sendo, por isso, mais leve;

— *placas onduladas de fibrocimento*, que permitem economia de madeiramento no telhado. Como irradiam muito calor, devem ser pintadas de branco na face externa, o que faz com que reflitam os raios do sol, refrescando o ambiente interno do galpão;

— *material plástico*. Existem telhas desse material, servindo perfeitamente para a cobertura dos galpões;

— *"panos" ou lâminas de material plástico preto*, para evitar a passagem do sol;

— *madeira impermeabilizada;*

— *cimento;*

— *sapê e outras palhas* também podem ser utilizados nas coberturas pois, além de protegerem o interior do galpão, ainda o tornam mais fresco. Apresentam, no entanto, uma série de inconvenientes, entre os quais o de estarem muito sujeitas a incêndios; são facilmente atravessadas por ratos e outros animais. Além disso, oferecem grandes dificuldades para sua desinfecção e desinfestação.

Parques criatórios com proteção de inverno

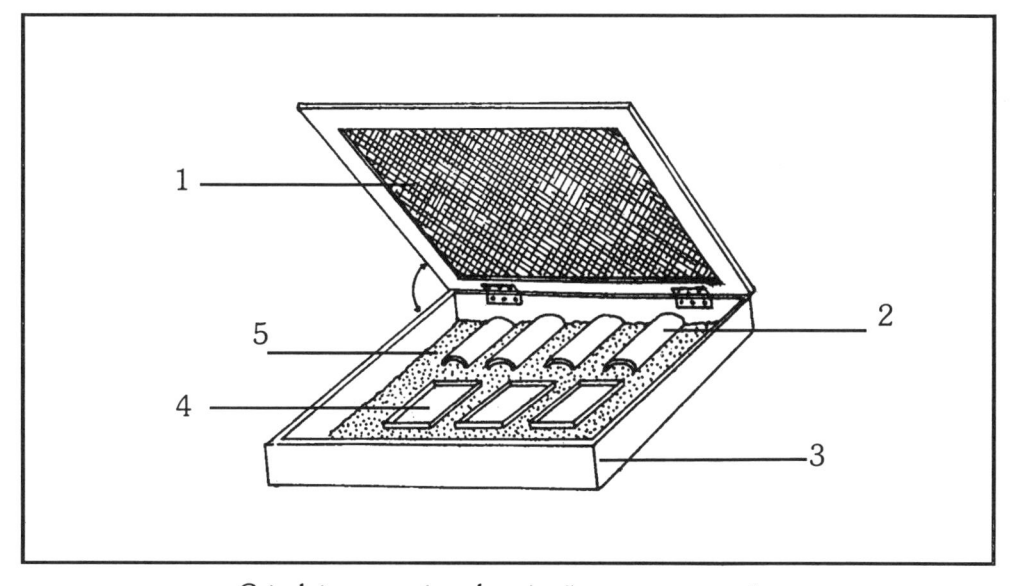

Criadeira ou caixa de criação para escargots.
1 - tampa de tela; 2 - telha ou canaleta para refúgio;
3 - lateral (10cm de altura); 4 - comedouros e bebedouros; 5 - piso de terra.

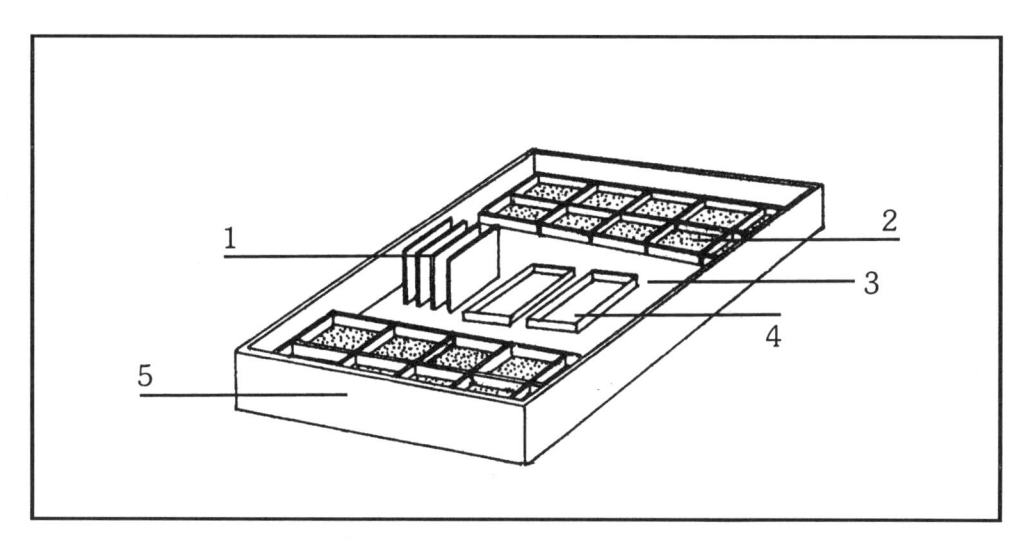

Criadeira ou caixa de criação para escargots.
1 - painéis para refúgio ou coleta de escargots;
2 - bandejas de terra para postura e incubação; 3 - piso de terra;
4 - comedouros e bebedouros; 5 - lateral.

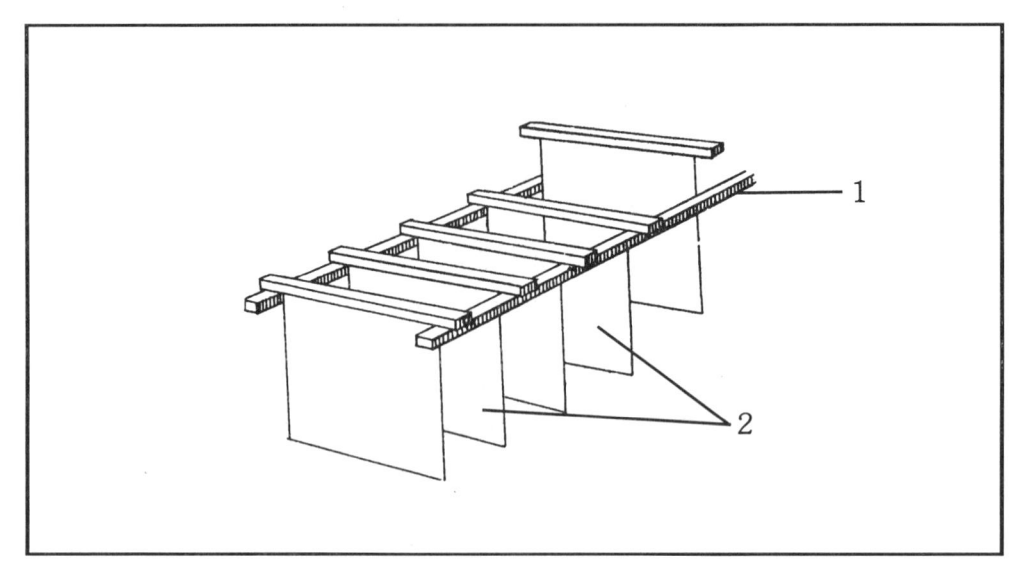

Painéis para o refúgio e coleta de escargots. 1 - suportes; 2 - painéis.

15.7. ESTRUTURA OU ENGRADAMENTO DAS COBERTURAS

É, normalmente, de madeira aparelhada ou roliça, sendo que esta última, em geral, é de eucalipto e a mais barata. Podem ser usadas, também, as estruturas metálicas ou mesmo de cimento.

15.8. TIPOS OU PERFIS DOS TELHADOS

Variam muito na sua forma, estrutura e construção. Além disso, podem ou não possuir lanternim. Sua construção ou tipo deve ser realizada de acordo com as circunstâncias ou o clima da região, sendo levados em consideração vários fatores como temperatura, umidade, etc., como verificaremos mais adiante.

15.9. COLUNAS DE SUSTENTAÇÃO OU ESTEIOS

Podem ser de tijolos, de cimento armado, de metal ou de madeira. A escolha deve ser feita, sempre, levando em consideração, não só as circunstâncias, mas e principalmente, o fator econômico, ou seja, o mais baixo preço de custo.

15.10. ALICERCES

Para maior solidez e garantia da construção, o galpão deve ser levantado sobre alicerces de pedra e cimento ou, melhor ainda, de cimento armado.

15.11. PAREDES

Podem ser de alvenaria, pré-moldados de cimento, madeira impermeabilizada, compensados à prova d'água, como os compensados marítimos, etc., tijolos, tela, plástico, etc.

15.12. PISOS

São, em geral, de terra batida. Podem ser, também, de cimento, ladrilhos, madeira, etc., mas só em casos especiais, de acordo com as circunstâncias, principalmente em relação aos equipamentos empregados na criação dos *escargots*.

15.13. PORTAS

Devem ser em número suficiente para facilitar os serviços e o manejo da criação. Podem ser de madeira, tela ou plástico. Sua largura deve ser de, no mínimo, 0,80m a 1m de largura, para permitir a passagem de materiais, carrinhos de mão (na época de limpeza geral), etc.

15.14. CORREDORES

Quando for indicada a sua existência, eles devem ter, como as portas, 0,80m a 1m de largura para facilitar os serviços. Isso depende, naturalmente, do tipo de construção e de manejo.

15.15. TEMPERATURA NO GALPÃO

A temperatura é um dos mais importantes fatores na produção ou criação de *escargots*. Assim sendo, o criador deve procurar manter a temperatura dentro do galpão, em níveis satisfatórios e compatíveis com a vida dos *escargots*, evitando que sofram graves desidratações ou que se recolham à sua concha, durante os períodos que lhes são desfavoráveis, ou seja, quando a temperatura é alta demais para eles, o que faz aumentar muito a mortalidade, ou abaixo dos níveis mais indicados para que não parem o seu crescimento ou até mesmo para que não entrem em hibernação durante longos meses, como ocorre na Europa. Para o *Helix aspersa* ou *Petit gris*, as temperaturas aconselháveis para a criação ficam situadas entre 16 e 24°C. O *Helix pomatia* ou *Bourgogne* pode se desenvolver a temperaturas abaixo de 16°C, mas sofre mais do que o anterior, quando as temperaturas são superiores aos 24°C. Portanto, o melhor é manter as temperaturas dentro daqueles limites pois, assim, evitamos o desconforto e até a morte para os animais e os prejuízos para o criador. Uma temperatura mais elevada diminui a necessidade de maiores quantidades de alimentos para produzir o calor corporal (calorias) e como o *escargot*, sob essa condição, ingere menores quantidades de substâncias nutritivas, o seu desenvolvimento é menor e mais lento.

15.16. CONTROLE DA TEMPERATURA

Para evitar os efeitos, às vezes desastrosos, das altas temperaturas sobre os *escargots* e para diminuir a ação dos raios solares sobre os galpões, elevando sua temperatura interna, podemos lançar mão de alguns recursos simples e baratos para evitar ou diminuir as conseqüências desses problemas.

Entre elas, podemos citar:

— construir galpões abertos e bem arejados, mas protegidos dos ventos, do sol, das chuvas e do frio, mas que possam ser fechados por cortinas, quando isso for necessário;

— caiar o telhado do galpão, de branco, pelo seu lado de fora pois, assim, os raios solares que sobre ele incidam, são refletidos, não sendo absorvidos, o que significa uma diminuição do calor interno do galpão, em até 5°C.

Resumindo, o objetivo do controle da temperatura é fazer baixar a temperatura no verão e evitar a perda de calor, no inverno. Nos climas em que as diferenças de temperatura no verão e no inverno são muito acentuadas, o criador pode pensar em usar, na construção do galpão, um isolamento térmico do teto e paredes empregando, para isso, fibra de vidro, cortiça, asbestos, placas de isopor, placas de plástico, madeira, etc.

CRIAÇÃO EM GALPÕES

Galpão de criação com sistema climatizado e, atrás, galpão aberto

Galpão fechado - notar que não possui janelas

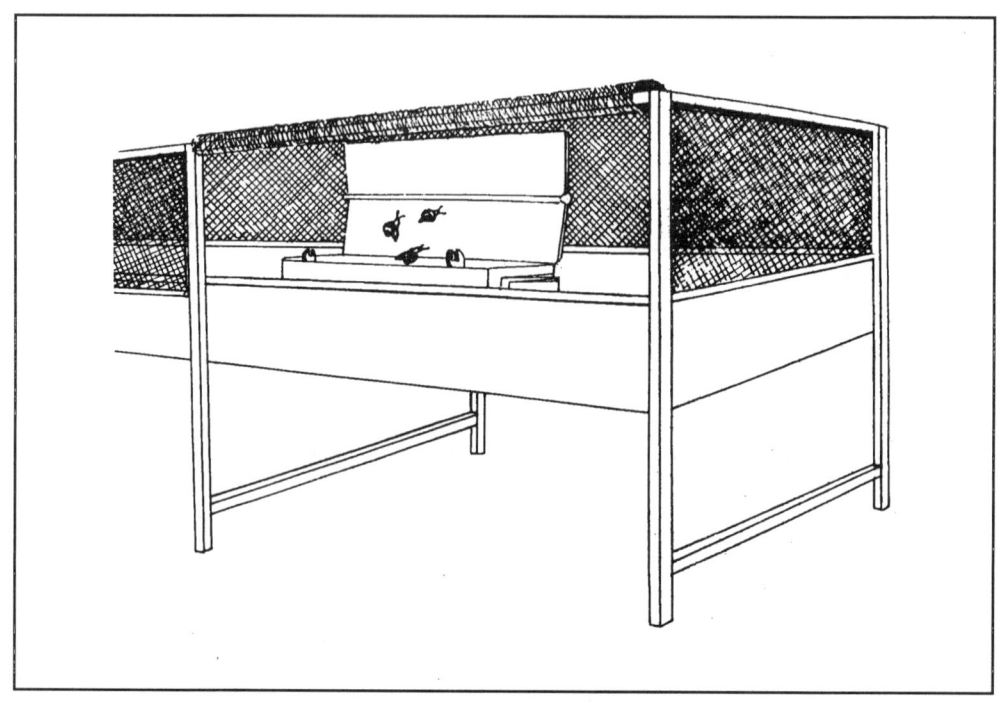

*Criadeira sobre pés.
Notar o abrigo com alguns escargots na tampa levantada.*

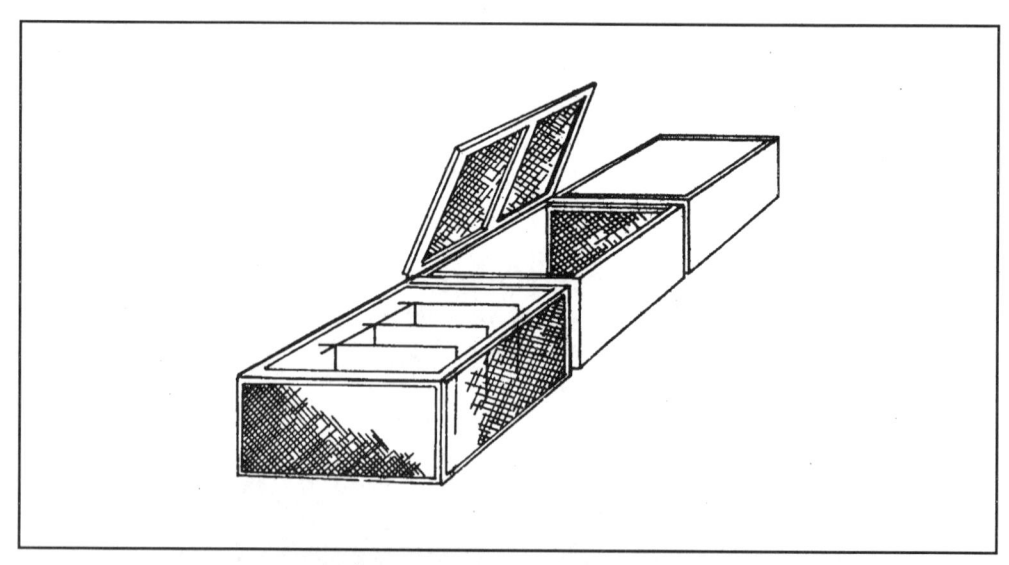

*Outro tipo de criadeira para escargots
1 – painéis para refúgio e coleta de escargots.*

15.17. VENTILAÇÃO E AERAÇÃO

A ventilação não é importante apenas porque ajuda no controle da temperatura. Ela o é, também, porque significa maior oxigenação do ambiente e os *escargots* necessitam de bastante oxigênio para viver. Uma ventilação bem controlada pode fornecer um ar sempre puro aos *escargots* e está intimamente ligada à umidade, um dos fatores mais importantes na criação desses animais. Um excesso de ventilação faz baixar a umidade dentro do galpão, o que é grandemente prejudicial, pois os *escargots* necessitam de mais de 80% de umidade relativa do ar, sendo 86% o ideal.

Mais perigosos ainda, do que um excesso de ventilação, temos as correntes de ar ou ventos que possam penetrar no galpão porque, além de fazerem diminuir a umidade do ar, ainda provocam um ressecamento no tegumento (pele) dos *escargots*. O controle da ventilação pode ser feita de maneira natural, com o uso de janelas, respiradouros, lanternins, etc. Podemos usar, também, com o mesmo objetivo, meios artificiais como exaustores, por exemplo.

15.18. UMIDADE

A umidade, também dentro de galpões, deve ser elevada, acima de 80% para todas as categorias de *escargots*, principalmente para os mais novos. É preciso, portanto, que mantenhamos dentro do galpão, esse ambiente extremamente úmido. Para isso, podemos utilizar chuveirinhos, torniquetes, esguichos ou mesmo, o que é melhor, pulverizadores, como já o mencionamos.

15.19. ILUMINAÇÃO

Não há dúvida alguma de que é justamente nos períodos do ano, em que os dias são mais longos, que os animais, inclusive os *escargots*, são mais ativos e exercem, com mais intensidade, as suas funções fisiológicas como a reprodução, por exemplo. Por isso, foram realizadas numerosas experiências sobre iluminação na criação de *escargots*. Essas experiências, embora ainda não definitivas, nos levam a considerar como indicados, os períodos de iluminação de 9 a 12 horas por dia. Assim sendo, o período necessário para completar esse número de horas de claridade, deve ser completado com luz artificial, quando a luz natural, a luz do dia, não atingir todo esse período. Parece que a luz branca é a que dá os melhores resultados, embora ainda não haja sido experimentada a de raios ultravioleta. Cremos que o problema da iluminação, quando mais bem estudado, mostrará a grande importância desse item na criação dos *escargots*. Quando adotada a iluminação artificial, as lâmpadas devem ser colocadas a distâncias regulares, para haver uniformidade na distribuição da luz.

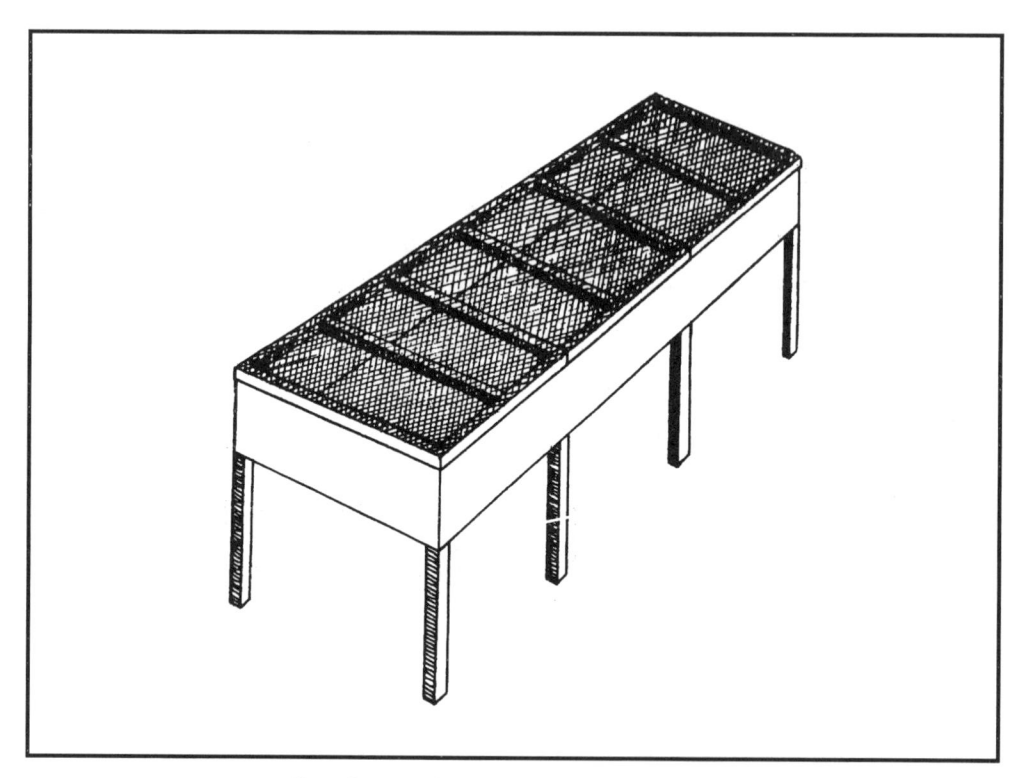

Criadeira sobre pés e com 6 divisões.

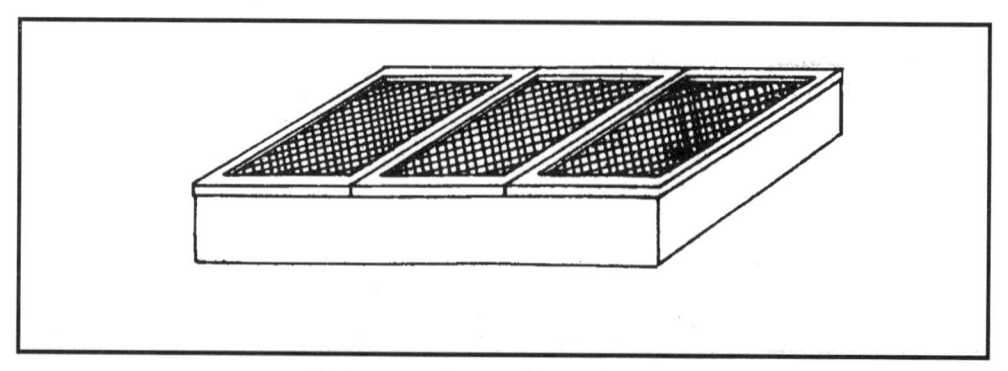

Outro tipo de criadeira, sem pés.

CRIAÇÃO EM GALPÕES

15.20. A TERRA

Como já está comprovado, os *escargots* se desenvolvem mais quando criados sobre a terra do que quando o são sobre outro tipo de piso, como cimento, por exemplo. Naturalmente, a terra deverá apresentar algumas características como sejam:

— pH 6,5 a 7,5 ou seja, uma terra ligeiramente ácida ou alcalina;

— que seja composta de partes bem equilibradas de areia, barro e matérias orgânicas;

— que seja rica em sais minerais, principalmente cálcio, sob a forma de carbonato de cálcio;

— que seja úmida mas não encharcada;

— que seja livre de contaminações ou infestações de vermes como os nematóides, de ácaros e de outros animais que possam ser perniciosos aos *escargots*, quer transmitindo-lhes doenças, quer agindo como parasitas ou predadores.

Quando necessário, devemos tomar as providências para que a qualidade da terra se enquadre nas características desejadas, para o que podemos fazer calagens (adição de cálcio), para corrigir o seu pH ou para que os *escargots* o ingiram; drenagens para diminuir o seu excesso de umidade ou mesmo a presença de água que a encharque, etc. Não sendo possível fazer as correções necessárias, o melhor é a sua substituição por uma terra melhor.

15.21. ESTUFAS

Nos climas ou regiões frias, podemos utilizar estufas, na criação de *escargots* e os resultados são muito bons, permitindo que esses animais continuem seu crescimento e sua reprodução, mesmo quando a temperatura externa atinge limites inferiores aos indicados. As estufas possuem, normalmente, as paredes e coberturas de plástico, o que ajuda a conservar sua temperatura interna dentro dos limites desejáveis. É preciso, no entanto, que elas sejam aproveitadas, também, nos meses mais quentes. Para isso, basta que sua construção permita determinadas manobras e que sejam adotadas algumas medidas especiais para isso. Assim sendo, é necessário levarmos em consideração os seguintes itens:

— que a estufa possua janelões que possam ser abertos, quando necessário e que essa abertura possa ser controlada;

- pintar a cobertura de branco, para que reflita e não absorva os raios solares, evitando ou diminuindo, assim, no verão, a sua ação calorífica sobre o interior da estufa;
- cobrindo a cobertura da estufa com sapê ou outras palhas para proteger o "telhado" dos raios do sol;
- molhar a cobertura de palha ou sapê, nos dias mais quentes;
- instalar chuveirinhos ou, melhor ainda, pulverizadores de água dentro da estufa, o que é sempre necessário e fazê-los funcionar mais intensamente, nos períodos quentes, para manter a umidade elevada no seu interior;
- manter o chão de terra sempre úmido ou mesmo com uma vegetação baixa.

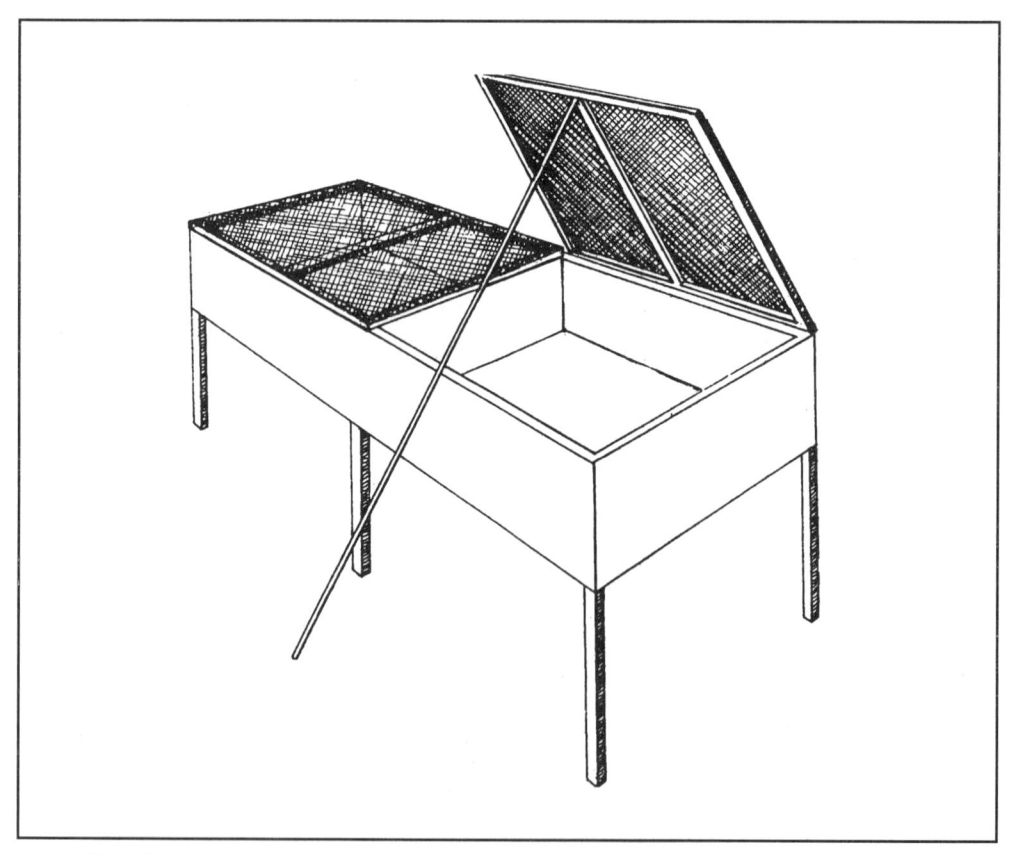

Criadeira sobre pés, com 3 divisões. Notar uma das tampas levantada.

CAPÍTULO 16
A REPRODUÇÃO DE ESCARGOTS

Como já o sabemos, o *escargot* é um molusco pulmonado e hermafrodita, isto é, o mesmo animal possui os dois sexos sendo, por isso, macho e fêmea ao mesmo tempo, pois possui os aparelhos masculino e feminino completos e em pleno funcionamento, produzindo espermatozóides e óvulos, que são os gametas masculinos e femininos, respectivamente. Como, porém, os *escargots* não podem se auto fecundar, há necessidade de dois animais para que se copulem e um fecunde o outro, para que haja a fecundação, isto é; a união do espermatozóide com o óvulo, sem a qual não pode haver reprodução e, em conseqüência, criação. A fecundação não só possibilita a reprodução mas também permite a transmissão dos caracteres dos pais para os filhos, ou seja, a hereditariedade. É necessário, no entanto, que os *escargots* hajam atingido a fase da puberdade, ou seja, a época da maturidade sexual, quando os testículos começam a produzir os espermatozóides e os ovários, os óvulos, sem os quais, como já o mencionamos, não pode haver a fecundação.

Pelo exposto podemos, com facilidade, concluir que é de grande importância fazer uma boa seleção ou escolha dos *escargots* destinados à reprodução, pois deles vai depender a qualidade ou valor dos produtos a serem obtidos. Portanto, para obter os melhores resultados, o criador deve, não só iniciar a sua criação com bons reprodutores, mas também, fazer uma boa seleção dos seus animais para que seja mantida, sempre, uma elevada produtividade, mas de produtos de elevado padrão, o que vem significar melhores resultados técnicos e econômicos.

16.1. SELEÇÃO

A seleção ou escolha dos reprodutores, como já o mencionamos, é de grande importância, pois são eles que vão transmitir suas características boas ou más, à sua descendência, deles dependendo o futuro da criação.

Para uma seleção, devemos escolher os reprodutores de acordo com os seguintes pontos:

— que sejam de espécies ou variedade já adaptadas à região em que vão ser criados ou que a ela se adaptem com certa facilidade;

— que apresentem as características exigidas para a sua espécie;

— que sejam sadios, não apresentando sinais de indisposições ou de doenças;

— que não apresentem nenhum defeito de conformação, quer no corpo, quer na concha;

— que não apresentem fraturas da concha ou ferimentos, calombos, etc., pelo corpo;

— que não possuam nenhum corrimento ou excreção anormal como espumas saindo pela concha, etc. É preciso, no entanto, não confundir a mucosidade, "gosma" ou "baba" normal e necessária para esses moluscos, com excreções anormais;

— que tenham idade suficiente para entrar em reprodução, para que a produção não seja atrasada;

— que não sejam muito velhos, para que possam ser aproveitados na reprodução, durante mais tempo. Devemos levar em consideração que os *escargots* podem viver 4 a 5 anos. Devem, no entanto, ser mantidos na reprodução, até 2 ou 3 anos de idade, no máximo.

— devem ser provenientes de posturas grandes, de numerosos ovos;

— que sejam adquiridos de criadores idôneos, que façam seleção de seus animais e lhes proporcionem boas condições de criação;

Devemos levar em consideração, também, para uma boa seleção, as épocas mais propícias para uma boa alimentação dos animais e condições climáticas também mais favoráveis à sobrevivência e criação desses moluscos.

Se fizermos uma boa seleção ou escolha dos reprodutores teremos, certamente, índices mais elevados de produção e de produtividade, além de produtos de melhor qualidade.

16.2. ÉPOCA DOS ACASALAMENTOS OU DA REPRODUÇÃO

Os *escargots* podem se reproduzir durante todo o seu período de atividade, isto é quando estão vivendo normalmente, fora da concha. Depois da hibernação, no entanto, eles aguardam um certo tempo para recuperar suas forças, alimentando-se bastante e só depois disso, é que começam os acasalamentos. Também durante as épocas ou dias muito quentes, eles interrompem as suas atividades sexuais ou reprodutivas. De um modo geral, eles se reproduzem nas épocas amenas, nem muito frias e nem muito quentes, quando as temperaturas se situam entre os limites normais para a sua reprodução, ou seja de 16°C a 24°C.

16.3. IDADE PARA A REPRODUÇÃO

Vários são os fatores que podem influir na idade em que os *escargots* atingem a puberdade, ficando aptos para a reprodução.

Podemos citar, entre eles, os seguintes: - *clima; temperatura; época do nascimento; espécie; precocidade individual; alimentação; manejo.*

Poderíamos mencionar ainda outras, mas cremos que as apresentadas são o suficiente para que o criador possa tomar as providências necessárias para um bom manejo de seus animais.

Na Europa, o *Helix pomatia (Bourgogne)* já está apto para a reprodução aos três anos de idade, mas só começa a postura depois do segundo ou do terceiro invernos após o seu nascimento, de acordo com a época em que nasceu, ou seja, respectivamente, primavera ou verão. Já o *Helix aspersa*, na mesma região, é mais precoce, iniciando a postura quando atinge mais ou menos um ano de idade. Mesmo na Europa, segundo certos criadores, nas regiões mais quentes como as mediterrâneas, os *escargots* podem começar a postura antes de atingirem 1 ano de idade. No Brasil o mais criado é o *Helix aspersa* que aqui fica adulto aos 4 meses de idade na região Centro-Sul (São Paulo).

16.4. ACASALAMENTO

É precedido por uma verdadeira cerimônia nupcial que pode durar várias horas. Quando dois *escargots* se encontram e sentem o desejo de se acasalarem, um vai se aproximando lentamente do outro, até que entram em um primeiro contato, um se encostando no outro, se esfregando. Fazem carinhos com a rádula, levantam a parte anterior do corpo, ficando ambos, cara a cara, na vertical, quando se trata do *Helix pomatia* (*Bourgogne*), se mordem e se separam. Aparece então o seu dardo, lançado para fora de sua bolsa, com o auxílio de uma substância mucosa secretada pelas glândulas multífidas. Os *escargots* ficam, então, um espetando o outro, com esse dardo, na região do seu orifício genital, com o objetivo de excitá-lo sexualmente. Ocorre, muitas vezes, que o dardo se quebra, ficando uma parte espetada no corpo do seu parceiro de cópula. Às vezes, são encontrados vários dardos em um *escargot*, o que significa que ele realizou vários acasalamentos. Um dardo, quando se parte, leva mais ou menos três dias para se regenerar, ficando o *escargot* novamente pronto para outros acasalamentos. Ocorre, então, uma inflamação no orifício genital, ficando essa região com uma coloração esbranquiçada ou leitosa. Ficam, assim, a vagina e o pênis, prontos para a cópula. Quando isso ocorre, os dois *escargots* se juntam novamente, fazendo com que a parte direita dos seus corpos se juntem, ficando os seus órgãos genitais encostados uns nos outros quando, então, cada um lança o seu pênis que vai penetrar na vagina do seu parceiro. Há, portanto, uma copulação recíproca. Dessa maneira, cada um lança, no canal do receptáculo seminal do seu parceiro, um *espermatóforo* que é uma espécie de cápsula comprida, forte e quitinosa, cheia de espermatozóides. O espermatófaro é introduzido no outro animal, pela ação dos músculos do pênis. Portanto, terminado o acasalamento, os dois animais se separam, levando cada um deles, em seu organismo, um espermatóforo cheio de espermatozóides. Esse espermatóforo é formado por uma cabeça, ou seja, sua parte anterior, o reservatório destinado aos espermatozóides e a sua parte final, um fio bastante comprido. Esses espermatozóides são libertados do espermatóforo, logo depois da cópula e seguem o seu caminho, nas vias genitais femininas do *escargot*, para fecundarem os óvulos, que eles mesmos vão produzir em sua glândula ou gônada hermafrodita, formando assim, os ovos.

A cópula do *Helix aspersa* é um pouco diferente, porque os animais ficam em sentidos opostos e na horizontal, mas com os seus órgãos genitais em contato direto.

Os *escargots* podem se acasalar várias vezes durante o período de reprodução.

16.5. FECUNDAÇÃO

Logo que são libertados do espermatóforo, os espermatozóides saem do receptáculo e descem para a vagina, de onde sobem pelo oviduto e chegam à bolsa de fecundação ou mesmo ao canal hermafrodita, onde ficam aguardando a chegada dos óvulos.

A Reprodução de Escargots

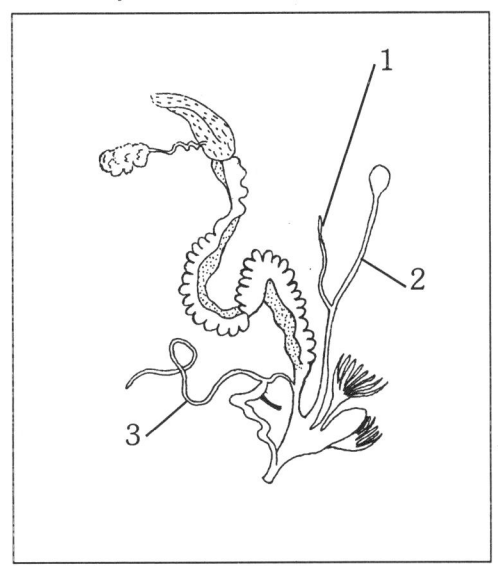

Aparelho genital do Helix lucorum.
1 - divertículo (menor que o do *Helix aspersa* e maior do que o do *Helix pomatia*); 2 - canal do receptáculo seminal; 3 - flagelo.

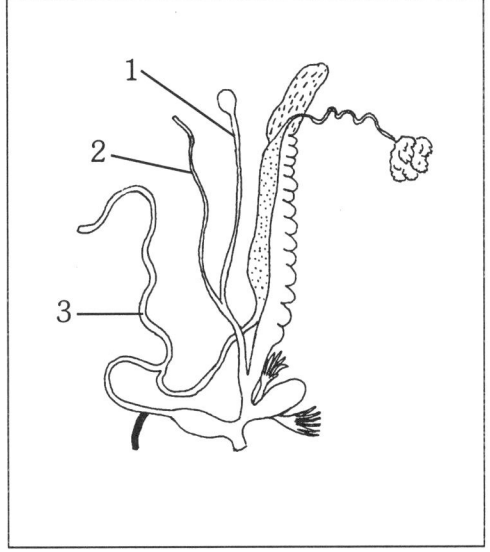

Aparelho genital do Helix aspersa.
1 - canal do receptáculo seminal; 2 - divertículo (notar o seu grande comprimento); 3 - flagelo.

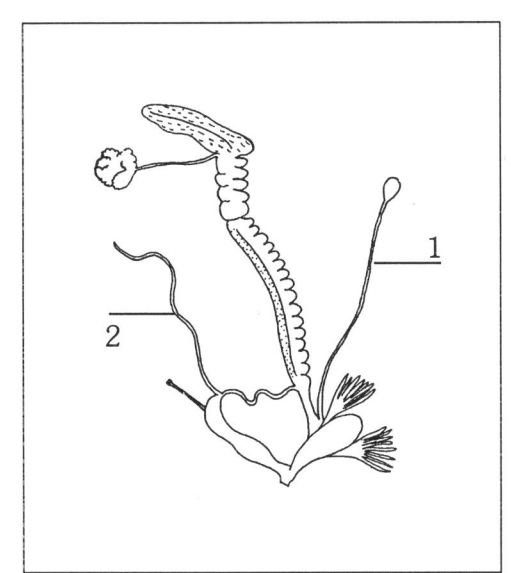

Aparelho genital do Helix pomatia.
1 - canal do receptáculo seminal; 2 - flagelo. Pode ou não possuir um pequeno divertículo.

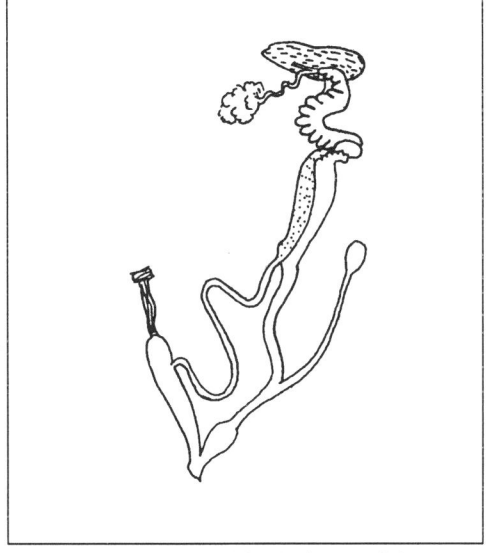

Aparelho genital do Achatina fulica.
Notar que não possui nem divertículo nem flagelo.

Após a produção de espermatozóides, a parte masculina da gônada hermafrodita "diminui", a parte feminina aumenta e os ovocitos ficam maduros. Realiza-se, então, a ovulação e os óvulos, saindo da gônada hermafrodita, passam pelo canal hermafrodita e vão ao encontro dos espermatozóides que os esperam, neles penetrando e os fecundando. Esses óvulos já fecundados (ovos), recebem uma camada de albumina e depois, sobre esta, outra, calcárea, que constitui a casca do ovo. Os ovos ficam, assim, prontos para serem postos.

16.6. POSTURA

A postura dos ovos se realiza 10 a 30 dias depois do acasalamento. Quando vai chegando a hora da postura, o *escargot* procura um lugar fresco, úmido mas não encharcado e com uma terra que não seja, de preferência, nem muito mole, nem muito dura, para facilitar a construção do seu ninho. Depois, com a parte anterior do pé, começa a escavar um buraco no chão, medindo 6 a 8cm de profundidade, com uma câmara de 4cm de diâmetro e com uma saída mais estreita, isto quando se trata do *Helix pomatia* ou *Bourgogne*. Já o *Helix aspersa* ou *Petit gris* faz o seu ninho com 3 a 4cm. Esse ninho é feito, em geral, em locais sombrios e úmidos, mas com um certo grau de calor, debaixo de folhas e ramos, entre raízes, embaixo de árvores, etc. e onde, logo que saem dos ovos, após a eclosão, os *escargots* recém-nascidos possam, sem dificuldade, encontrar os alimentos de que necessitam. Terminada a construção do ninho, o *Helix pomatia*, introduz a maior parte possível da região anterior do seu pé, e o mais profundo possível, dentro do ninho. Sua postura começa logo depois e os ovos são postos a intervalos de 5 a 10 minutos um do outro. O *Helix pomatia* põe de 30 a 60 ovos arredondados, medindo 6mm de diâmetro. A postura pode durar de 20 a 40 horas, dependendo do número de ovos produzidos.

Terminada a postura, o *escargot* se recolhe à sua concha, para descansar durante mais ou menos meia hora. Depois disso, tampa o buraco do ninho com detritos e terra para protegê-lo e fica por perto. Depois de algumas horas vai embora, abandonando o ninho e os seus ovos, à própria sorte.

O *Helix aspersa*, como o mencionamos, faz um buraco, menor, de 3 a 4cm de profundidade e, às vezes, nem isso, fazendo sua postura debaixo de folhas de ramos ou de pedras. Sua produção é de 80 a 120 ovos e até mesmo 200, em uma única postura. Os seus ovos medem 4mm de diâmetro.

Quando vai começar a postura, o *escargot* se ajeita e começa a expelir os ovos, um a um, atapetando o fundo do ninho e formando, às vezes, uma verdadeira bola de ovos com uma cobertura ou camada gelatinosa. Não nos devemos esquecer de que a posição do *escargot*, para a postura, é totalmente diferente da em que ficam as aves e as tartarugas, por exemplo, e outros animais superiores pois, o orifício ou poro genital, pelo qual saem os ovos, fica situado na região anterior do seu corpo, bem próximo à sua cabeça e não na extremidade posterior do corpo, como nos animais citados anteriormente.

O índice dos animais em postura, no *Helix aspersa*, atinge 61% dos reprodutores, enquanto que o número de posturas em relação ao número de reprodutores é de 0,72, segundo H. Chevallier, na França.

16.7. OS OVOS

São formados por uma camada interna de albumina, na qual encontramos o germe do ovo; uma camada interna hialina, fina e membranosa e, externamente, uma camada calcárea branca, membranosa, que se solidifica em contato com o ar, ou seja, a casca, composta de cálcio e fósforo.

16.8. NÚMERO DE OVOS

Varia muito, de acordo com uma série de fatores, entre os quais podemos citar os que se seguem:

— espécie a que pertence o *escargot*; alimentação e clima, principalmente em relação à temperatura e à umidade.

As produções, em geral, atingem as seguintes quantidades, em uma só postura:

— *Helix pomatia* - 30 a 60 ovos;

— *Helix aspersa* - 80 a 120 e até 200, mas a média, por postura, é de 100 (H. Chevallier);

— outros *escargots* do gênero *Helix* - varia de 10 a 100.

Os mais prolíficos são os *escargots* chineses, entre os quais o *Achatina fulica*, que chega a botar 500 ovos e o turco *Helix lucorum*.

16.9. INCUBAÇÃO

O período de incubação dos ovos de *escargots* varia, não só de acordo com a espécie que produziu o ovo, mas também, devido a vários fatores, entre os quais temos os seguintes:

— *temperatura*: quando a temperatura é amena ou suave, o tempo de incubação é menor;

— *umidade*: sendo a umidade relativa do ar menor, maior é o período de incubação dos ovos dos *escargots*.

Os períodos de incubação, no entanto, normalmente, são os seguintes:

— *Helix pomatia* - 20 a 30 dias;

— *Helix aspersa* - 10 a 30 dias.

16.10. ECLOSÃO

Após o período de incubação, chega o momento da eclosão ou "nascimento" dos pequenos *escargots*.

Eclosão é o ato de os filhotes romperem a casca do ovo e saírem dele, ocorrendo, assim, o seu nascimento. Os *escargots* recém-nascidos são translúcidos, permitindo ver, no seu interior, o coração, como uma vesícula escura e com movimentos, isto é, "batendo". Eles já nascem com uma pequena concha membranosa e fina medindo 3 a 4mm de diâmetro. Essa concha é branca, passando, depois, a amarronzada.

Após o nascimento, os filhotes permanecem no ninho, durante 5 a 10 dias. Durante esse período, eles ingerem a casca do ovo, como uma forma de se abastecerem de cálcio e fósforo de que tanto necessitam, principalmente para a formação da sua concha. Parece que, durante esse tempo, eles se alimentam, também, de detritos orgânicos em decomposição. Somente depois desse período é que esses pequeninos *escargots* saem do ninho. Para isso procuram, de preferência, fazê-lo durante a noite ou então em dias chuvosos, evitando assim, os raios do sol, o calor ou mesmo dias muito secos, para que não sofram problemas de desidratação. Logo que saem do ninho procuram, avidamente, os seus alimentos naturais e passam a se alimentar exatamente como os adultos.

O índice de eclosão é de 72% para o *Helix aspersa*, segundo H. Chevallier.

16.11. FECUNDIDADE, FERTILIDADE E PROLIFICIDADE

A) Fecundidade - É a propriedade que tem o organismo de elaborar e por em ação os elementos necessários à reprodução, ou seja, os gametas masculino e feminino (espermatozóides e óvulos), independentemente do seu futuro. É uma função da qual depende, em grande parte, o sucesso de uma criação.

B) Fertilidade - É um conjunto de condições que possuem os elementos geradores (gametas) de fecundarem e de serem fecundados, ou seja, a capaci-dade de produzir filhos vivos. Assim sendo, um *escargot* pode ser fecundo e não ser fértil, mas nunca ser fértil sem ser fecundo.

Portanto, só há reprodução quando os dois *escargots* que se copulam, são fecundos e férteis.

C) Prolificidade - É a capacidade de produzir muitos filhos. Esta qualidade está diretamente relacionada com o indivíduo, com a família, com a espécie ou com a variedade do *escargot*.

A *fecundidade*, nos *escargots*, é medida pela regularidade na sua capacidade de fecundação, número de acasalamentos positivos e tipo ou idade em que eles são empregados na reprodução. É de grande importância na seleção dos *escargots* para a reprodução pois, unida à prolificidade é um fator primordial na criação desses moluscos. Entre os fatores que sobre ela podem influir temos, entre outros, clima, alimentação, idade, puberdade, constituição, funcionamento dos seus diversos órgãos, fatores genéticos, hormonais e vitamínicos, luz, calor, umidade, frio, etc.

De um modo geral, é na primavera que a fecundidade está mais exaltada. A alimentação tem uma grande importância na fecundidade dos *escargots*, tanto por fatores relacionados com a sua quantidade, quanto aos inerentes à sua composição ou qualidade, concorrendo para manter em um nível satisfatório, a sua fecundidade.

Quanto ao período de reprodução do *Helix aspersa* e do *gros gris da Argélia*, na Europa, é de 3 meses, segundo o Colóquio Internacional de Helicicultura realizado na França, em Toulouse-Anzeville em setembro de 1979.

16.12. CRESCIMENTO OU DESENVOLVIMENTO

Podem variar bastante, dependendo de vários fatores, como se segue:

— *fator animal*, de acordo com a espécie, variedade, individualidade, estado de saúde e idade do *escargot*;

— *fator ambiente*, ou seja, clima, temperatura, estação do ano, etc.;

— *fator alimentação*, de grande importância;

— *fator manejo*;

— *fator instalações*.

16.13. FATOR ANIMAL

Em relação à espécie, ficou evidenciado, na Europa, que o *Helix pomatia* leva 3 anos para se desenvolver e se tornar adulto, ao passo que o *Helix aspersa* é mais precoce, atingindo o mesmo estágio que o molusco anterior, com um ano de idade ou até mesmo antes.

Indivíduos há, também, que embora da mesma idade que os outros do seu lote, se desenvolvem mais rapidamente e entram em reprodução mais cedo, revelando grande precocidade, o que é um fator de grande importância para a seleção de reprodutores.

16.14. FATOR AMBIENTE

Não só nas estações mais frias do ano, mas também, nos períodos mais secos, com um índice de umidade do ar bem baixo, há uma diminuição e até mesmo a parada no ritmo de crescimento dos *escargots*. Isto ocorre, principalmente, quando o animal entra em hibernação ou mesmo quando se encolhe dentro da concha, quando as condições ambientais não lhe são favoráveis.

16.15. FATOR ALIMENTAÇÃO – CONVERSÃO ALIMENTAR

O *escargot*, como já verificamos no presente trabalho, é um animal essencialmente herbívoro. O seu consumo médio de forragens verdes, por dia, é de 20% do seu peso vivo, para os jovens e de 10% para os adultos. Devemos mencionar, também, por sua grande importância no arraçoamento dos animais, a *conversão alimentar*, ou seja, a quantidade de alimentos necessários para obtermos 1kg de peso vivo.

No caso do *escargot*, a conversão é de 10:1, isto é, são necessários 10kg de forrageiras verdes para a produção de lkg de peso vivo.

Quando se trata de alimentos concentrados, como no caso de rações balanceadas, farinhas, farelos, etc., a conversão é bem maior, sendo de 3:1, o que significa serem necessários 3kg desses alimentos para obtermos lkg de *escargot*.

Essas conversões, naturalmente, podem variar de acordo com os alimentos ingeridos, sua composição, seu estado vegetativo, a composição das rações balanceadas, etc. Assim sendo, todo o cuidado é pouco na escolha dos alimentos a serem administrados aos *escargots*.

CAPÍTULO 17
MANEJO PARA A REPRODUÇÃO

Para que possamos obter os melhores resultados na reprodução dos *escargots*, devemos adotar as técnicas e o manejo mais indicados. Assim sendo, vamos apresentar, a seguir, esses procedimentos, os mais modernos adotados para essa atividade pecuária.

17.1. REPRODUTORES

Devem ser colocados, no máximo, 60 animais por metro quadrado das instalações em que se encontram, quando se tratar de animais *Helix aspersa* (*Petit gris*) e 50, quando eles forem *Helix pomatia* (*Bourgogne*). Essas instalações podem ser diretamente sobre o piso do galpão (de preferência), ou mesmo nos parques ao ar livre, embora haja sérios inconvenientes, como já estudamos em outro capítulo. Podem ser, também, suspensas sobre pés ou muretas (ver capítulo "Instalações").

Chegando a época ou momento propício, os *escargots* se acasalam e depois de certo período fazem a postura, colocando os seus ovos em ninhos por eles mesmos construídos. Nessa época, o criador deve ficar bem atento e poderá escolher um dos dois caminhos a seguir: ou faz a coleta dos ovos e os leva para um local adequado, como verificaremos mais adiante ou, então, os deixa no mesmo lugar da postura e, mais tarde, faz a coleta dos filhotes, da maneira que vamos apresentar mais para a frente.

17.2. COLETA DOS OVOS

Quando o criador optar por essa técnica, deve vigiar bem os *escargots* e, com pequenas estacas, vai marcando os locais dos seus ninhos. Terminada a postura, o helicicultor recolhe os ovos, separadamente, uma ninhada de cada vez. Para isso, pode usar uma colher.

17.3. INCUBADORA OU CHOCADEIRA

Feita a coleta, os ovos são colocados em caixas ou recipientes especiais que podemos chamar de "chocadeiras" ou incubadoras e cujo fundo possui uma camada de terra e uma tampa de tela bem fina, de náilon ou mesmo de vidro, acrílico ou plástico. A terra deve ser a mais "limpa" possível, ou seja, livre de bactérias patogênicas, vermes, insetos, fungos, etc., para evitar que os ovos sejam por eles atacados.

A eclosão ocorre dentro de um período variável, de acordo com o caracol que está sendo criado e com a temperatura ambiente. Os recém-nascidos saem da terra e vão para a tampa da chocadeira, sendo aí capturados.

Esse método, embora eficiente, pode ocasionar queda na percentagem de eclosão, além de exigir mais mão-de-obra e tempo para as operações necessárias à sua execução. Assim sendo, o melhor é deixar os ovos eclodirem no local em que foram postos ou, então, utilizar o método a seguir.

17.4. BANDEJAS DE POSTURA

Nada mais são do que bandejas de plástico ou madeira, cheias de terra e que são colocadas no setor de reprodutores, para que eles façam suas posturas dentro delas. Depois, é só retirar essas bandejas, já com os ovos e colocá-los dentro das chocadeiras ou incubadoras. Os resultados desse método são melhores, comparados com os obtidos com outras técnicas. A terra nelas colocada deve ter as mesmas características aconselhadas anteriormente. Logo que nascem, os recém-nascidos saem da terra e vão para as paredes e tampa da caixa.

17.5. PAINÉIS DE COLETA

Para maior comodidade dos recém-nascidos e para facilitar a sua coleta, devemos colocar, dentro da incubadora, uns painéis verticais e móveis, de madeira, plástico, folhas de papelão ou qualquer outro material adequado, para que os *escargots* recém-nascidos subam para eles e fiquem aí alojados e onde, com a maior facilidade, são coletados. Para isso, basta que retiremos os painéis com cuidado e que, com um pincel ou escovinha de pêlos bem finos e macios, os "varramos" daí para dentro de uma instalação especial para eles e que denominamos de criadeira.

17.6. CRIADEIRAS

São as instalações destinadas a manter os *escargots* desde recém-nascidos até uma idade ou peso variáveis de acordo com as circunstâncias ou desejo do criador, conforme o método de criação empregado. É necessário, no entanto, que a temperatura seja adequada, sempre dentro dos limites indicados e que a umidade ambiental atinja, também, o seu ponto ótimo, ou seja, quase o limite de saturação, principalmente nos primeiros tempos, até os pequenos *escargots* atingirem o peso de 1 grama. O ideal é que eles fiquem nessas criadeiras, dentro de galpões, pelo menos até atingirem o peso de 3 gramas. Passando esse limite, eles já podem ser transferidos, embora com certos cuidados, para os parques ou instalações ao ar livre. Poderão, no entanto, permanecer nessas criadeiras até mais tarde, na época em que serão comercializados ou então empregados na reprodução. Quando essas criadeiras ficam em ambiente climatizado, o crescimento e o desenvolvimento dos animais são acelerados. Também a sua época de reprodução é antecipada, o que significa um ganho de tempo e, em conseqüência, maior rapidez nos ganhos, nos lucros e no giro do capital. As criadeiras podem ficar diretamente sobre o solo ou, então, sobre pés. Naturalmente, suas características variam, mas os princípios técnicos são mais ou menos os mesmos. As criadeiras suspensas apresentam uma série de vantagens, entre as quais temos as seguintes:

— facilitam os trabalhos porque, sendo elevadas, não exigem que o tratador se abaixe e se levante para executar os trabalhos;

— permitem um melhor manejo;

— a fiscalização se torna mais fácil.

Essas criadeiras podem ser construídas de madeira, de material plástico ou mesmo de alumínio ou outro metal, sendo suas paredes de compensado, de preferência de compensado marítimo, mais resistente à umidade que deve existir no interior da criadeira.

Seu tamanho pode variar, indo de 1,00 a 1,20m de largura por 3,00m de comprimento e 40 a 60cm de altura. Sua borda superior deve ficar a lm de altura do piso do galpão. Deve ter uma tampa de tela de malhas finas e para que ela não fique muito grande ou pesada, pode ser dividida em 3 partes, para facilitar a sua abertura. Essas criadeiras podem ser feitas superpostas, formando baterias de dois ou mais andares. Neste caso, sua construção possui outras características.

Todos os tipos, no entanto, devem possuir um chuveirinho ou pulverizador para espargir água, quando necessário, para manter a umidade adequada na criadeira. Além disso, devem ter, como acessórios, manjedouras, comedouros, bebedouros com bóias, e abrigos, bem como um dispositivo elétrico antifuga, quando necessário.

Para pequenas criações caseiras, bastam uma criadeira para reprodutores e duas para as crias ou jovens.

Essas criadeiras são de grande valor quando, nos climas frios, os *escargots* entram em hibernação, pois aí eles ficam muito mais protegidos, diminuindo a mortalidade nessa fase de sua vida.

Devemos esclarecer, por considerarmos importante, que a helicicultura é uma atividade relativamente nova e que, por isso, as suas técnicas são passíveis de modificações e que os tipos de instalações podem ser os mais variáveis, não havendo um tipo padrão, pois todos ainda estão sujeitos a alterações, mais ou menos importantes.

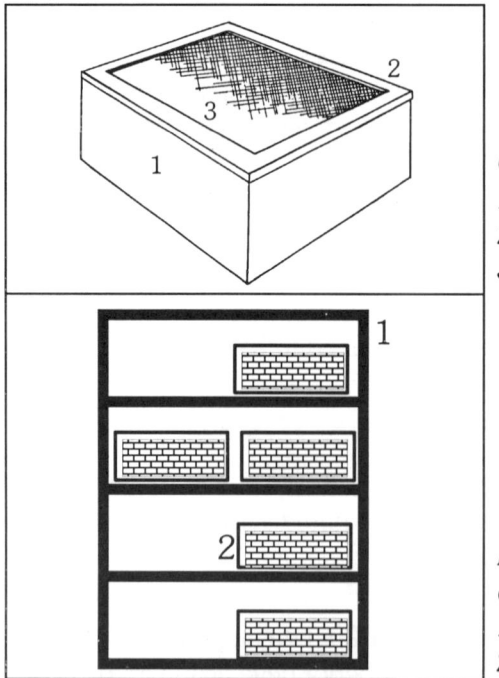

Caixa para criação de escargots.
1 – lateral;
2 – tampa;
3 – tela da tampa.

Estantes para colocar as caixas de criação.
1 – caixas de criação;
2 – estante.

Capítulo 18
ALIMENTAÇÃO

Alimentação é a parte da criação que estuda os alimentos mais convenientes a cada animal ou espécie, não só sob os seus aspectos fisiológicos e zootécnicos, ou seja, sob o ponto de vista da produção, especialização e suas necessidades nutritivas, mas também, sob o seu aspecto econômico, o que é da maior importância, quando se trata de criações comerciais ou industriais. Uma alimentação racional é importante e um dos fatores básicos para uma exploração zootécnica e, portanto, para a melhoria dos animais e da sua produção, pois sendo bem orientada, complementa os métodos de seleção levados a cabo em um ambiente adequado à vida do animal que está sendo criado.

A alimentação tem uma dupla missão: manter a vida dos indivíduos e obter os seus produtos, ou seja, fazê-los produzir e reproduzir. Além disso, a alimentação é um problema de ordem econômica, que deve ser resolvido, para que seja obtido o maior rendimento com o menor gasto possível, para que haja lucros e eles sejam maiores. Não sendo realizada com um sentido prático e econômico, pode causar prejuízos ao criador, devido ao menor rendimento dos animais ou ao seu mais alto custo de produção, predisposição às doenças e até mesmo ao fracasso da criação.

O helicicultor, portanto, deve conhecer o que comem os seus *escargots*, as quantidades necessárias para satisfazer as suas necessidades e os alimentos ou os seus componentes necessários para suprir as suas necessidades ou deficiências orgânicas mantendo, ainda, a níveis satisfatórios, sua resistência às doenças, seus graus de fecundidade, fertilidade, etc.

18.1. OS ALIMENTOS PARA OS ESCARGOTS

Os alimentos são formados por um conjunto de elementos capazes de, pelos processos mecânicos e físico-químicos da digestão, se transformarem em elementos assimiláveis que são incorporados ao organismo sob a forma de energia calórica aproveitável ou de substâncias que se integram na constituição de tecidos e órgãos, não só para manter a vida dos animais, como também para suprir as necessidades da sua produção. Os alimentos são, portanto, todas as substâncias necessárias ao organismo do animal, para reparar os desgastes, formar os tecidos orgânicos e facilitar, por meio da energia liberada, sua transformação química em força ou calor. Assim sendo, os alimentos devem ser considerados sob o ponto de vista de seu conteúdo em substâncias nutritivas ou alimentícias indispensáveis para a nutrição, em relação à composição química do corpo dos animais e de acordo, ainda, com a produção zootécnica desejada.

Podemos classificar os alimentos em: animais, vegetais ou minerais; orgânicos ou inorgânicos; plásticos ou energéticos; gordurosos; hidrocarbonados; nitrogenados; feculentos e vitamínicos, de acordo com a sua composição química.

Quanto ao seu estado, podem ser sólidos ou líquidos.

Os alimentos orgânicos podem ser protéicos e não protéicos e, de acordo com o seu teor em proteínas, podem ser concentrados e não concentrados, também denominados volumosos ou grosseiros. Com 12% de proteínas ou matérias nitrogenadas, são denominados pouco concentrados e com 20%, fortemente concentrados.

Podemos dividi-los, ainda, em completos e incompletos, segundo sua composição e os elementos nutritivos que proporcionam ao organismo. Podem ser classificados, também, de acordo com a riqueza e a classe das vitaminas que entram na sua composição. Poderíamos mencionar, ainda, outras classificações para os alimentos, mas as citadas, cremos nós, são o suficiente para o presente caso.

18.2. RAÇÃO

É o total dos alimentos que devem ser dados aos *escargots*, durante 24 horas, com o objetivo de satisfazer as exigências para a manutenção da sua vida e para suprir as necessidades da sua produção. Para isso, a ração deve satisfazer a uma série de condições de ordens química, biológica, física, zootéc-

ALIMENTAÇÃO

nica e econômica. As de ordem química, se referem à necessidade de a ração conter todos os princípios nutritivos, ou seja, protídios, glicídios, lipídios, sais minerais e água, em quantidades e qualidades suficientes para atender a todas as necessidades plásticas e energéticas do organismo. Além disso, deve ter uma relação nutritiva de acordo com a espécie, idade ou função a que for destinado o *escargot*, bem como estar isenta de qualquer princípio ou substância nociva ou tóxica. As de ordem biológica, se referem à existência das vitaminas indispensáveis para o crescimento e desenvolvimento dos processos vitais. As de ordem física, se relacionam à necessidade de o volume da ração ser proporcional à capacidade digestiva e de assimilação do aparelho digestivo do *escargot*. As de ordem zootécnica ou de produção, se referem à necessidade de os alimentos se adaptarem melhor a uma determinada produção que, no presente caso, são a carne e a reprodução.

Como requisito econômico, a ração deve ser a mais barata possível, naturalmente dentro do seu maior valor nutritivo. Podemos classificar a ração em dois grupos fundamentais:

A) *Ração de manutenção, conservação ou fisiológica* - Constituída pelos alimentos dados ao *escargot* durante 24 horas, para mantê-lo sem executar nenhum trabalho zootécnico: é a ração do metabolismo basal ou de manutenção.

B) *Ração de produção ou industrial* - Composta pelos alimentos que devem ser adicionados à ração de manutenção, para satisfazer as exigências para o crescimento, engorda e produção de carne sendo, por isso, chamada de ração de crescimento, de engorda, etc.

A energia desenvolvida na transformação das substâncias orgânicas ingeridas é, segundo Menozzi e Niccoli, aplicada da seguinte maneira:

— em manter o corpo dos animais a uma temperatura constante;

— na relação com as trocas respiratórias;

— em facilitar ao organismo, por meio dos alimentos consumidos, a energia de que ele necessita;

— em evaporar a água das respirações pulmonar e cutânea;

— em coadjuvar o trabalho mecânico necessário dos órgãos internos.

Embora seja difícil determinar onde termina a ração de manutenção e começa a de produção, isso, até certo ponto, não tem importância porque, em helicicultura, o problema é praticamente só de produção.

Pouca coisa, relativamente, foi estudada sobre a alimentação dos *escargots* e há, ainda, muito o que ser pesquisado.

É preciso, no entanto, que a sua alimentação seja feita de acordo com os seus aspectos fundamentais, ou seja, *higiênico, fisiológico, zootécnico e econômico.*

18.3. ALIMENTAÇÃO PRÁTICA DOS ESCARGOTS

Como pudemos verificar pelo exposto anteriormente, neste capítulo, a alimentação é um dos fatores mais importantes em uma criação de *escargots*, dela dependendo, em grande parte, a produção, a produtividade e mesmo, o sucesso da criação. Dela dependem o crescimento, o desenvolvimento e a engorda dos *escargots* e, portanto, a quantidade de carne produzida, além da sua qualidade. Também a sua postura e a sua reprodução dependem diretamente da alimentação que lhes é administrada.

Quando vamos alimentar os *escargots*, devemos levar em consideração três pontos fundamentais: quantidade, qualidade e composição dos alimentos.

A *quantidade* de alimentos é importante, porque de nada adianta fornecermos aos *escargots* o melhor alimento, se não lhes dermos esses mesmos alimentos em quantidades que satisfaçam às suas necessidades.

A *qualidade* é essencial, porque alimentos velhos, estragados, mofados, contaminados, etc. só podem fazer mal aos animais, causar-lhes doenças e até a morte.

A *composição* dos alimentos é importante, como já verificamos anteriormente, pois é necessário que possuam todos os elementos necessários para uma boa alimentação satisfazendo, assim, as exigências nutritivas dos *escargots*.

Os alimentos para eles, podem ser divididos em duas grandes categorias ou grupos:

— *verdes*, ou seja, os vegetais como couve e outros produtos hortícolas (cenoura, etc.), confrei, forragens, etc.;

— *concentrados*, isto é, farinhas, farelos e ração balalceada.

18.4. OBTENÇÃO DO VERDE

Pode ser feita de três maneiras distintas:

— colheita de plantas nativas ou "do mato", devendo ser escolhidas as preferidas pelos *escargots*;

— aproveitamento de culturas existentes ou de suas sobras;

— de plantações feitas especialmente para a alimentação dos *escargots* como, por exemplo, uma plantação de confrei ou de couve. De um modo geral, podemos calcular que seja necessária uma área plantada, cuja superfície seja duas vezes maior do que a ocupada pelas construções do heliário. Naturalmente, esse cálculo pode variar de acordo com vários fatores como a qualidade da terra, a forrageira cultivada, etc.

Podemos, praticamente, alimentar os *escargots* com os mesmos alimentos dados aos coelhos como, por exemplo, além das já citadas, folhas de cenoura, de nabo, de beterraba, etc. As suas raízes, no entanto, não são aconselháveis porque eles as comem muito devagar, prejudicando seu crescimento e sua engorda. Podemos fornecer-lhes, também, restos de pão, batata cozida, frutas, etc., desde que possam ser adquiridas por baixos preços, que compensem o seu emprego, de maneira econômica na criação.

18.5. OS CONCENTRADOS

Podem ser fornecidos em pó (farelos) ou granulados e podem permanecer nos cochos, durante uma semana, desde que não fiquem umidecidos. Existem rações balanceadas especiais para *escargots*. Além dos farelos de trigo e de milho, temos os de cevada, de soja, etc., desde que em quantidades adequadas. Podemos fornecer-lhes, também, rações balanceadas especiais para coelhos.

Quanto às quantidades de ração, podemos calcular, para efeito de distribuição, 0,1g para os *Helix aspersa* ou *Petit gris* e 0,2g para os *Helix pomatia* ou *Bourgogne*.

O importante, no entanto, é observar, rigorosamente, a quantidade comida pelos *escargots*, porque ela pode variar, de acordo com vários fatores, para que não sejam fornecidas quantidades maiores do que as necessárias, para evitar desperdícios e que a sobra se deteriore e prejudique os animais ou então que a quantidade seja insuficiente, prejudicando o crescimento e o desenvolvimento, além da reprodução dos *escargots*.

É preciso, no entanto, que o criador leve em consideração, que o melhor é não alterar muito a ração de seus animais, trocando seus alimentos, pois eles podem estranhar a nova alimentação e não se alimentar direito, necessitando, então, de um período de adaptação, o que atrasa o seu desenvolvimento.

Outro ponto importante na alimentação dos *escargots*, é a água que não deve faltar nunca, principalmente quando os animais recebem concentrados que, como o sabemos, são alimentos desidratados contendo mais ou menos 14% de água, enquanto os verdes têm mais de 90% de água. Além disso, essa água deve ser a mais limpa e de preferência potável, quando isso for possível.

Como já o mencionamos, o verde deve ser colocado em mangedouras e os concentrados, em comedouros espalhados de maneira regular, por todo o parque ou criadeira.

18.6. ALIMENTOS AROMÁTICOS

Alguns animais têm a capacidade de transmitir, à sua carne, o gosto dos alimentos que eles ingerem em maiores quantidades. Os *escargots* não fogem a isso e têm, mesmo, essa capacidade de assimilação bem acentuada. Assim sendo, o criador pode melhorar bastante a qualidade da carne de seus *escargots*, fornecendo-lhes alimentos adequados e alguns especiais para que transmitam um gosto melhor ou especial à carne desses animais. Entre esses alimentos podemos destacar as diversas plantas aromáticas que podem dar, à carne do *escargot*, um sabor especial e até "sob encomenda". Essas plantas são as usadas como temperos, como a salsa, a cebolinha, etc. bem como outras como erva cidreira, capim limão, menta ou hortelã, etc.

18.7. PLANTAS VENENOSAS OU TÓXICAS

É preciso nos lembrarmos de que existem plantas que são venenosas para o homem e que, no entanto, não fazem mal aos *escargots* que as ingerem, mas que deixam sua carne "contaminada". Por isso, é preciso evitar que eles as comam, bem como combatê-las, erradicando-as, para que esse perigo diminua ou desapareça. Outra medida para evitar esse perigo é a "purga" dos *escargots*, fazendo com que eles fiquem com o intestino vazio, o que prova que eles já eliminaram os detritos de plantas tóxicas que porventura hajam ingerido.

18.8. DISTRIBUIÇÃO DOS ALIMENTOS

Administrar ou dar os alimentos aos *escargots* não é somente "jogar a comida" para eles, dentro das instalações. É necessário que levemos em consideração alguns fatores de grande importância, para que os resultados sejam os melhores. Entre eles, podemos destacar os que se seguem:

ALIMENTAÇÃO

— a distribuição dos alimentos deve ser feita sempre ao entardecer, para evitar que os *escargots*, sentindo o movimento e a presença da "comida", saiam de seus abrigos, ainda com sol ou calor, o que lhes é sempre prejudicial e até lhes pode ser fatal;

— os alimentos devem ser frescos e de boa qualidade;

— o verde deve ser bem fresco e aquoso e nunca seco ou com alto teor de celulose, pois essa alimentação faz com que a carne do *escargot* fique com uma consistência coriácea e elástica, o que desvaloriza o produto;

— dar alimentos ricos em cálcio, tão necessário à vida desses moluscos, como já verificamos em outro local desse trabalho;

— quando os vegetais a serem distribuídos aos animais, forem de folhas muito grandes, devemos cortá-los em tiras e as frutas, em fatias;

— espalhar bem os alimentos nos cochos ou manjedouras, para evitar que os *escargots* se aglomerem, o que é sempre prejudicial;

— recolher as sobras, todos os dias, mas nas horas em que os animais estejam recolhidos aos seus abrigos.

Parques criatórios:
— o da frente para animais de clima temperado;
— o de trás para animais de clima quente, com proteção de inverno

CAPÍTULO 19
PREDADORES E COMPETIDORES

Os *escargots*, como todos os outros animais, têm seus inimigos, naturais ou eventuais, divididos em duas categorias: os *predadores* e os *competidores*.

Não só para que os criadores deles tomem conhecimento, mas também para que possam evitá-los ou deles se protegerem, é que incluímos o presente capítulo sobre este assunto, que reputamos da máxima importância.

19.1. PREDADORES

São os animais que atacam os *escargots*, em qualquer uma das fases de sua vida, desde os ovos até aos animais adultos, para com eles se alimentarem. Podem fazer grandes estragos em uma criação, com graves prejuízos para o helicicultor. O combate e a prevenção, principalmente contra os predadores, revestem-se da maior importância, porque deles pode depender o sucesso ou o fracasso da criação. Os métodos utilizados nesse combate dependem muito das circunstâncias e dos predadores a serem evitados ou combatidos. Esses perniciosos animais podem atacar as criações, por terra, água ou ar, pois eles podem ser terrestres, aquáticos, anfíbios ou alados.

19.1.1. Répteis

Entre esses predadores, temos as cobras, venenosas ou não, terrestres ou d'água; tartarugas, lagartos, etc.

19.1.2. Anfíbios

Podemos citar, como os mais comuns, as rãs e os sapos.

19.1.3. Aves

De um modo geral, podemos dizer que todos os pássaros são predadores, pelo menos quando estão com os seus filhotes, pois precisam fornecer-lhes proteínas em doses elevadas, o que os obriga a ir buscá-las em insetos e outros pequenos animais, inclusive *escargots*, quando os encontram. As aves, no entanto, que mais os atacam, são as insetívoras como, por exemplo, curruíras, bem-te-vis, etc., além de sabiás, garças, saracuras, patos, gansos, marrecos, galinhas, etc.

19.1.4. Mamíferos

Entre eles, podemos mencionar cachorros-do-mato, cães e gatos domésticos ou selvagens, rapozas, ariranhas, lontras, camundongos, ratos, ratazanas, etc.

19.1.5. Insetos

Os insetos podem se portar como predadores, tanto na sua fase de larva quanto na de adulto. Entre eles, os que mais atacam os *escargots* são os coleópteros ou seja, os besouros. Também as formigas podem causar grandes estragos e prejuízos em uma criação de *escargots*, inclusive "roubando" os ovos desses moluscos e os levando para o seu formigueiro.

19.2. COMPETIDORES

São os animais que dentro ou fora do heliário, competem com os *escargots* da criação, pelos mesmos alimentos. De um modo geral, podemos afirmar que todos os herbívoros são competidores dos *escargots*, pois comem, praticamente, a mesma comida que eles e, por isso, quando se encontram no mesmo território há, realmente, uma competição. Quando o número de competidores é muito grande, às vezes até maior do que o de *escargots*, estes chegam a ficar sem comida.

Entre esses competidores, podemos mencionar os que se seguem.

PREDADORES E COMPETIDORES

19.2.1. Mamíferos

Todos os herbívoros que pastam no local em que se encontram os *escargots*, comendo a vegetação que eles iriam comer. Entre eles temos os bois, cabras, carneiros, etc.

19.2.2. Insetos

Podem ser competidores, nas suas diversas fases de desenvolvimento como no estágio de larvas ou de adultos. Como insetos competidores temos todos aqueles cujas larvas são herbívoras e suas lagartas devoram os vegetais, tornando-se grandes pragas em diversas plantações. Em outros casos, são os insetos já adultos os competidores e que também podem se transformar em grandes pragas, devastando tudo o que encontram em sua passagem, como é o caso dos gafanhotos. Também certas formigas, como as saúvas, podem ser grandes competidoras dos *escargots*, cortando as plantas que serviriam para os alimentar e as levando para o formigueiro.

19.2.3. Aves

Muitas aves como, por exemplo, os gansos e os patos podem, não só ser predadores mas também competidores, pois devoram muitos dos vegetais que seriam ingeridos pelos *escargots*.

19.2.4. Moluscos

Outros *escargots* ou caracóis, comestíveis ou não, de outras espécies, podem atuar como competidores, quando invadem o heliário. Na natureza, porém, no ambiente natural, direta ou indiretamente, o maior predador e competidor dos *escargots* é o homem: predador direto ao fazer a coleta ou caçada indiscriminada e irracional desses pequenos animais, para comer e, indiretamente, com a destruição do meio ambiente, derrubando as florestas, fazendo queimadas e contaminando os campos e as plantações, com toda a sorte de produtos químicos como inseticidas, fungicidas, etc. e poluindo as águas e as terras com detergentes, desinfetantes, produtos tóxicos, resíduos industriais e outros elementos poluentes.

"Bebês" escargots, saindo do ninho

Capítulo 20
Prevenção e Higiêne

Parece que esses moluscos não são muito sujeitos a doenças pois, poucos são os casos comprovados, pelo menos de mortandade entre os *escargots*. Mesmo assim, o melhor é evitar o seu aparecimento. Para isso, devemos tomar uma série de medidas profiláticas ou preventivas. Entre elas temos as que se seguem.

20.1. LIMPEZA

Devemos fazer sempre, ou melhor, como rotina, o mais regularmente possível, uma limpeza rigorosa de todas as instalações, tanto das criadeiras quanto dos parques, bem como de todas as dependências do heliário.

Quando um parque, por exemplo, fica vazio, sem nenhum animal e já foi utilizado durante bastante tempo, podemos, inclusive, revolver a sua terra e fazer uma calagem, isto é, colocar cal virgem no terreno, deixar "descansar" alguns dias e depois revirar bem, para que a terra e a cal fiquem misturadas. Essa operação tem a vantagem de fazer com que o terreno fique bem limpo, descontaminado e ainda enriquecido com cálcio, tão importante para os *escargots*, principalmente para a produção da concha. Antes, porém, de fazermos esses serviços, devemos varrer bem o terreno, raspá-lo com uma enxada, quando necessário e remover todos os detritos ou o lixo, depositando-os em esterqueiras ou os incinerando.

Nas criadeiras, a limpeza deve ser feita de acordo com o seu tipo ou construção, sempre com o objetivo de limpar bem e eliminar os detritos. Raspar, lavar e desinfetar, são as operações necessárias.

O importante, porém, é NÃO USARMOS, NUNCA, desinfetantes, inseticidas ou outros produtos químicos, porque eles podem prejudicar e até mesmo matar os *escargots*.

Somente a cal pode ser aplicada mas, assim mesmo, com certos cuidados como, por exemplo, não usá-la diretamente sobre os animais e nem empregar a cal virgem. O melhor é usar, sempre, a cal extinta, um dos melhores e mais baratos desinfetantes.

Quando as instalações estiverem vazias, melhor ainda é o uso do lança-chamas a gás, um aparelho de grande eficiência para a desinfecção e a desinfestação, combatendo e liquidando todos os vírus, bactérias, vermes, insetos, etc. que poderiam atacar os *escargots*.

20.2. DESINFESTAÇÃO OU ESTERILIZAÇÃO

Desinfetar ou *esterilizar* significa matar todos os vírus e bactérias existentes. Quando se tratar de ambientes livres como instalações para animais, por exemplo, é empregado, comumente, o termo *desinfetar*. Esterilizar é, em geral, empregado somente para salas de cirurgias, laboratórios etc, e para objetos cirúrgicos.

Desinfestação é um conjunto de medidas que podem ser adotadas no heliário e cujo objetivo é evitar ou combater insetos, vermes, etc., parasitas ou não, que possam atacar os *escargots*.

Também a desinfestação pode ser feita com a cal que, como já o mencionamos, é um dos desinfetantes e desinfestantes mais eficientes, baratos e fáceis de encontrar e de aplicação muito prática. Pode ser usada sob as formas de pó, leite de cal, etc. Sua aplicação pode ser feita, inclusive, sob a forma de caiação, de acordo com as circunstâncias. Normalmente, ela resolve os problemas, não só de desinfestação, mas também, os de desinfecção.

Também na desinfestação, NÃO DEVEMOS USAR, NUNCA, produtos químicos, pelo mal que podem causar aos *escargots*, matando-os, inclusive. Esses produtos poderiam, ainda, contaminá-los, tornado sua carne imprópria para o consumo. Pelos mesmos motivos, não devemos dar-lhes, como alimentação, vegetais que foram pulverizados com inseticidas ou outros defensivos ou produtos químicos. Devemos tomar, ainda, outras providências para evitar o possível aparecimento de alguma doença no heliário.

Entre elas, podemos aconselhar, as seguintes:
— manter isolados da criação, pelo menos durante quinze dias, os *escargots* que vierem de fora, de outras criações, mantendo-os assim,

em quarentena, pelo menos durante 15 dias para que, se estiverem com algum problema de saúde ou mesmo alguma doença infecciosa ou parasitária, possam aparecer os seus sintomas, permitindo ao criador tomar as providências necessárias, evitando o contato do animal doente, com o resto da criação;

— fazer regularmente, como rotina, uma boa limpeza, uma desinfecção ou uma desinfestação, de acordo com as circunstâncias, para evitar as doenças infecciosas ou as parasitárias, sempre as mais perigosas, porque podem se transmitir, direta ou indiretamente, de um animal para outro;

— empregar normalmente, para as desinfecções e desinfestações, de preferência a cal ou o lança-chamas, de acordo com as necessidades ou circunstâncias;

— desinfetar e desinfestar, também, os bebedouros, os comedouros e todos os acessórios empregados no heliário;

— manter sempre um grau de umidade adequado à vida dos *escargots*;

— manter o solo ou piso dos parques e das criadeiras, sempre úmidos;

— não deixar o piso dos parques ou das criadeiras encharcados ou inundados, pois isso é muito prejudicial aos *escargots*, provocando-lhes até mesmo a morte, por um excesso de hidratação;

— eliminar da criação, o mais rapidamente possível, qualquer animal morto ou que apresente alguma anormalidade que possa ser um sintoma de doença;

— evitar e combater todos os animais predadores e competidores;

— queimar ou enterrar, junto com cal virgem, todos os animais mortos e detritos retirados do heliário ou então colocá-los em esterqueiras;

— fornecer aos animais, alimentos sempre frescos, nutritivos e em quantidades suficientes para uma boa alimentação, para que eles cresçam, se desenvolvam e engordem, ou se reproduzam o mais rapidamente possível e não sofram de problemas alimentares;

— limpar e desinfetar bem, todo material usado para transporte de *escargot* para fora do heliário e que a ele retornem;

— não deixar entrar, no heliário, nenhum material trazido por compradores e que já hajam sido usados para o transporte de *escargot* de outras criações ou que já passaram por alguma delas;

— impedir a entrada na criação, de pessoas, animais ou veículos que estiveram em outros heliários ou regiões em que houve casos anormais de mortes de *escargots*, para evitar um possível perigo de contágio;

— colocar pedilúvios com cal, na entrada do imóvel e mesmo entre as diversas dependências do heliário, para a desinfecção de sapatos, rodas ou patas, de homens, veículos ou animais, respectivamente, que entrem no heliário;

As medidas mencionadas são todas elas indicadas para o controle de doenças em um heliário, mas o ideal é que sejam, quando necessário, tomadas algumas delas, ao mesmo tempo, pois assim, os seus resultados serão, certamente, melhores.

Parques e galpões de criação

Capítulo 21
ALGUMAS DOENÇAS DOS ESCARGOTS

Embora, como o mencionamos anteriormente, os *escargots* não sejam muito propensos a doenças, eles estão sujeitos à denominada *"doença da postura rosa"* produzida por um microfungo do gênero *Fusarium* e à *pseudomonose*, produzida pelo *Pseudomona aeruginosa*.

21.1. PSEUDOMONOSE

Produzida por uma bactéria, o *Pseudomona aeruginosa*, já foi diagnosticada em *escargots* do gênero *Helix* e das espécies *pomatia* e *aspersa*, ou seja, o *Helix pomatia* e o *Helix aspersa*.

Essa bactéria ataca principalmente os intestinos, causando uma infecção intestinal e depois, o sangue, causando uma septicemia. Seus sintomas são os que se seguem. Os *escargots* vão se reunindo, como que para proteger-se, debaixo dos abrigos ou por perto deles, se contraem para dentro de sua concha, mas não operculam, ou seja, não secretam um líquido que, depois se solidifica formando a tampa ou opérculo para vedar a abertura de sua concha, como ocorre com os animais sadios quando estão em repouso ou se abrigam em sua concha, para a hibernação. Vem, depois, uma paralisia e o doente não consegue se encolher totalmente para dentro da sua concha. Começa, então, no interior da concha, a formação de um líquido esverdeado, ao redor do seu corpo. Aparece um cheiro fraco mas desagradável, como o de uma fermentação.

Como já o mencionamos um pouco atrás, no começo da doença, a infecção fica localizada principalmente no intestino. Além disso, as células que atapetam a luz do tubo digestivo vão ficando mais ou menos soltas e encerram grande número de bactérias não esporuladas. Essas mesmas bactérias são encontradas, também, nas fibras circulares que fazem parte dos tecidos pré-intestinais. Com o decorrer do tempo e o aparecimento dos sintomas externos aumentam, também, o número de lesões e o de bactérias nos tecidos e no sangue, quando ocorre, então, a fase septicêmica, a mais grave. Essa doença pode se tornar bastante grave e causar grandes prejuízos pois, em um surto em criações de certa região da França, a mortalidade atingiu 70% dos animais. O melhor é prevenir, mantendo as melhores condições sanitárias possíveis na criação, pois ficou provado que os surtos apareceram justamente em criações mal cuidadas, com baixo índice sanitário. Além disso, foi verificado que atacava mais os animais que estavam sofrendo de "estresse" ou então em estado de fraqueza.

21.2. DOENÇA DA POSTURA ROSA

É uma doença parasitária, pois é causada por um microfungo do gênero *Fusarium,* que parasita os ovos dos *escargots* e os faz "gorar". O nome da doença provem do fato de os ovos atacados ou "doentes", ficarem com as cores rosa ou marrom. Também para essa doença, o melhor é prevenir, mantendo as melhores condições sanitárias possíveis, na criação.

21.3. PARASITOSES E PARASITAS

Já está provado que alguns parasitas podem atacar os *escargots*.

São conhecidos, como parasitas dos *escargots*, os vermes nematóides e trematóides, além de ácaros e dípteros.

21.4. VERMES – TREMATÓIDES

Em *escargots Helix aspersa* ou *Petit gris*, já foram encontrados esporocistos de trematóides formando aglomerações e provocando, inclusive, o atrofiamento das suas glândulas hermafrodita e albuminífera. Também nessa espécie e no *Helix pomatia* ou *Bourgogne* podemos encontrar:

— *Brachylaemidae*, sob a forma de cercária e

— *Dicrocoelium lanceolatum*.

21.5. NEMATÓIDES

Vários são os nematóides que podem infestar os *escargots* do gênero *Helix*, quer na sua fase larvária, quer no seu estado adulto.

Entre eles, temos os que podem ser enquadrados em uma das seguintes categorias:

— os que se encontram livres no solo, mas que podem ser encontrados, também, nas fezes ou na mucosidade, em contato com os animais. Esses vermes, às vezes, penetram na cavidade paleal, entrando pelo pneumostoma;

— os que são parasitas verdadeiros dos *escargots* e que neles podem ser encontrados, no seu tubo digestivo, em estado adulto ou como larvas, quando a sua forma adulta é livre;

— no estado larvário, encapsulados nos tecidos, como no caso dos metastrongilídeos pois, no estado de adultos, eles são parasitas dos pulmões ou do sistema circulatório de certos mamíferos e quando o seu ciclo de vida necessita de um hospedador intermediário que seja um molusco, no qual a larva deve atingir o seu terceiro estágio.

Está, nesse caso, o *Mulerius capillaris* cujas larvas podem ser encontradas no *Helix pomatia*.

A simples presença de um parasita, em um *escargot*, não significa que ele esteja parasitado, dentro do conceito de parasitismo, pois essa presença pode ser apenas ocasional não causando, praticamente, nenhum dano ao animal. Os prejuízos que os parasitas podem causar, estão diretamente relacionados com o grau de infestação e a maior ou menor periculosidade do verme.

21.6. ÁCAROS

Foi encontrado um ácaro em diversos moluscos como *escargots* e lesmas.

Trata-se do *Ereynetes limacum (Philodromus limacum)*. São realmente parasitas que, penetrando na cavidade pulmonar do *escargot*, alimenta-se das suas substâncias sangüíneas.

21.7. DÍPTEROS

O *Sarcophaga* e o *Pherbellia* são dípteros que necessitam de um *escargot* como hospedeiro para nele desenvolver sua fase larvária. Também protozoários, flagelados, cryptobios, etc. são encontrados no receptáculo seminal dos *escargots*, dos quais são parasitas. De um modo geral, os parasitas causam, sempre, prejuízos maiores ou menores, pois provocam uma queda, no crescimento e no desenvolvimento dos *escargots*.

Parques criatórios com irrigação por aspersão

Capítulo 22
A Comercialização dos Escargots

As *possibilidades de comercialização* ou vendas de *escargots* no Brasil, são enormes, pois a nossa produção é ainda muito pequena, concorrendo para que a oferta seja muitas vezes menor do que a demanda.

Além disso, os mercados internacionais necessitam de um substancial volume de *escargots*, pois grandes são as quantidades importadas pela França, outros países da Europa, Estados Unidos, etc. A França, por exemplo, importa grandes quantidades de *escargots* congelados, da China. Esses *escargots* são considerados de qualidade inferior aos europeus do gênero *Helix*. Também da África, são importados *escargots* pela França.

22.1. FORMAS DE COMERCIALIZAÇÃO

Os *escargots* podem ser comercializados de várias maneiras, como as que se seguem:

— animais para a reprodução;

— animais vivos, em atividade, para consumo;

— animais vivos, para consumo, mas dentro da concha, ou em hibernação ou repouso;

— *escargots* resfriados;

— animais congelados, dentro ou fora da concha;

— animais fervidos dentro da concha;

— animais fervidos e retirados da concha;

— *escargots* preparados.

A venda dos *escargots* vivos, para consumo, é feita por peso, sendo necessários de 100 a 150 animais para atingir o peso de lkg, quando se tratar de *Helix aspersa* e mais ou menos 50, quando forem *Helix pomatia* (*Bourgogne*). Na França, os preços são mais ou menos os mesmos para os *escargots* mencionados pouco atrás.

Para aumentar seus lucros, o criador pode produzir ou comercializar os *escargots* semi-acabados, ou seja, fervidos ou escaldados ou então acabados, isto é, os animais já "preparados", prontos para o consumo.

Na França, principalmente, os *Helix pomatia* ou *Bourgogne*, são preparados na manteiga, ou seja, "a la Bourguignone". Outra maneira também bastante usada é "ao molho".

Quando os *escargots* são vendidos fora das conchas, elas são vendidas à parte.

22.2. COMPRADORES PARA ESCARGOTS NO BRASIL

Normalmente, são os seguintes:

— restaurantes de classe internacional;

— restaurantes típicos;

— peixarias e mercearias especiais;

— supermercados;

— entrepostos de pescados;

— casas de família, com entrega em domicílio;

— exportadores.

Capítulo 23
A Carne dos Escargots

Podemos apresentar, como algumas características da carne de *escargots*, as seguintes:
- possui um sabor típico que, em alguns países, é considerado melhor do que o das ostras;
- é muito rica em sais minerais, principalmente cálcio, contendo quantidades desse elemento equivalentes a mais do dobro da encontrada nas carnes de vitela e de frango. Possui, ainda, ferro, magnésio, cobre e zinco;
- é uma carne magra, de baixa caloria, como pode ser verificado pela tabela apresentada mais adiante;
- é rica em proteínas;
- possui vitaminas, principalmente a vitamina C;
- devido à purga e à operculação, é uma das carnes mais higiênicas;
- é de fácil digestão, segundo alguns autores;
- sua composição, em percentagens, é a seguinte: água - 89,25%; proteínas - 14%; lipídios - 0,70%; sais minerais - 2,05%.

Damos, para comparação, uma tabela com o valor calórico da carne de *escargot* e a de outros animais.

Animal e número de calorias em 100g de carne	
Coelho = 137	Vitela = 115
Frango = 85	Escargot = 60 a 80

23.1. COMO PREPARAR ESCARGOTS PARA CONSUMO

Para que apresentem as melhores condições de apresentação e de higiene, devemos tomar as medidas que se seguem:
— fazer o *escargot* ficar em jejum durante 3 dias, para que realize a purga, isto é, para que elimine todo o conteúdo existente em seu intestino, ficando assim, livre, não só das suas fezes mas também de produtos tóxicos que haja ingerido junto com os alimentos ou com a água. Quando o *escargot* estiver operculado, isto não é necessário, porque ele faz a purga, normalmente, antes de entrar para a concha e fica, depois, fechado dentro dela, totalmente protegido.
— quando está operculado, devemos romper o seu opérculo ou epifragma;
— lavar em água fria com sal e vinagre, em várias águas, até que ela saia bem clara pois, no princípio, ela fica misturada com a baba do *escargot*, formando espuma;
— enxaguar bem, em água, quantas vezes for necessário, até que essa água saia limpa e clara;
— quando se tratar de um *Helix pomatia* ou *Bourgogne*, retirar o seu fígado ou hepatopâncreas, o que não é necessário fazer, no caso do *Helix aspersa* ou *Petit gris*.

23.2. COMO COZINHAR OS ESCARGOTS

Depois de limpos e lavados, como indicamos anteriormente, devemos proceder da seguinte maneira:
— colocar os *escargots* em uma panela com água até que fiquem bem cobertos por ela;
— acender o fogo e ir aumentando-o para que a água vá esquentando e os *escargots* saiam da concha: os que não saírem, devem ser jogados fora, porque estão mortos;
— aumentar o fogo ao máximo, para que a água ferva logo e os *escargots* fiquem fora da concha rapidamente;
— ferver durante três minutos;
— escorrer bem a água;
— colocá-los novamente em água fria;

- juntar um tempero composto, à vontade, de ervas aromáticas, cebola, cravos, sal e vinho branco;
- levar ao fogo e deixar ferver durante duas e meia a três horas;
- quando foi feita a purga, não há dúvidas de que os intestinos estão limpos: não esquecer de que o intestino (reto) do *escargot* fica próximo à sua cabeça e não dentro da concha.

Assim preparados, os *escargots* estão prontos para serem usados nas mais deliciosas receitas, algumas bastante simples e outras muito sofisticadas, dependendo do gosto dos apreciadores desses moluscos.

23.3. COMO PREPARAR OS ESCARGOTS PARA A VENDA – "NA MANTEIGA"

Devemos proceder da seguinte maneira:
- lavar bem e depois ferver os *escargots*;
- retirar os animais de sua concha;
- eliminar o fígado ou hepatopâncreas (só no *Helix pomatia*);
- tornar a lavar e cozinhar em um molho temperado ao gosto da região do freguês ou da família da casa em que ele vai ser consumido;
- misturar a carne dos *escargots*, com a manteiga ou melhor uma pasta formada por manteiga pura, salsinha, cebolinha, alho, pimenta e sal. Naturalmente, esse "molho" pode variar.
- pegar a pasta já pronta e encher, com ela, as conchas dos *escargots*.

23.4. PETIT GRIS AO MOLHO

Para o preparo do *Petit gris*, com essa receita, devemos:
- lavar bem os *escargots*;
- colocá-los em um caldo ou molho especial, de acordo com o gosto dos prováveis consumidores;
- cozinhá-los, mas dentro das conchas.

A receita de "*escargot* na manteiga", empregada normalmente, para o preparo do *Bourgogne*, já vem sendo usada, também, para o *Petit gris*. É aconselhável, no entanto, que ela seja utilizada para os *Petit gris* maiores, sendo os menores preparados "ao molho".

23.5. RENDIMENTO LÍQUIDO DE CARNE

Segundo dados por nós obtidos, o rendimento líquido, ou seja, a parte comestível do *escargot* representa de 62 a 68% do seu peso vivo, isto é, sem a concha.

Os *escargots* assim preparados, são vendidos por dúzia e não por peso.

ÍNDICE ALFABÉTICO-REMISSIVO DAS FOTOS E ILUSTRAÇÕES

— Achatina fulica ou escargot chinês, 16

— Aparelho genital do Achatina fulica, 113

— Aparelho genital do Helix aspersa, 113

— Aparelho genital do Helix lucorum, 113

— Aparelho genital do Helix pomatia, 113

— Aparelho Reprodutor dos escargots do gênero Helix, 36

— Aparelho reprodutor, 28

— Aparelho respiratório, 32

— Aparelhos digestivo e urinário, 28

— Arranjos com telhas "canal" para refúgio de escargots, 90

— Aspersores de água tipo "chafariz", 85

— Audição - Gânglio pedial, 34

— "Bebês" escargots, saindo do ninho, 134

— "Bebês" no ninho, após a eclosão, 52

— Bebedouro para escargots, 87

ÍNDICE ALFABÉTICO-REMISSIVO DAS FOTOS E ILUSTRAÇÕES

— "BNH" em parque de Helix sp, 60

— Bulbo faringeano do escargot, 30

— Cabeça de escargot, 30

— Caixa para criação de escargots, 122

— Cerca para parques, 80

— Chuveirinhos para a aspersão de água nas instalações, 85

— Comedouro para escargots, 87

— Concha de Achatina fulica ou escargot chinês, 22

— Concha de Helix lucorum ou escargot turco, 22

— Concha de um Petit gris, 50

— Conchas de diversas espécies de escargots, 54

— Criadeira ou caixa de criação para escargots (1), 99

— Criadeira ou caixa de criação para escargots (2), 99

— Criadeira sobre pés e com 6 divisões, 106

— Criadeira sobre pés, 104

— Criadeira sobre pés, com 3 divisões, 108

— Criadeiras de escargots embaixo de um telhado de meia-água – Encanamento e chuveirinhos, 95

— Dentes de escargot, 30

— Dispositivo antifuga elétrico – Notar as 3 fitas metálicas eletrificadas e o escargot dando meia-volta ao tocar na primeira delas, 81

— Dispositivos antifugas para 2 lados, destinados a cercas divisórias entre 2 parques, 81

— Escargot durante a postura, 16

— Escargot no ninho, em postura, 32

— Escargot operculado, 46

— Escargot visto sobre vidro, 17

— Escargots em postura, 54

— Escargots Gris-gris (Helix aspersa maxima) em cópula, 50

ÍNDICE ALFABÉTICO-REMISSIVO DAS FOTOS E ILUSTRAÇÕES

— Esquema de parque, mostrando os corredores com placas de cimento, 80

— Estantes para colocar as caixas de criação, 122

— Estrutura da concha e do manto, 23

— Exterior de um escargot, 22

— Galpão de criação com sistema climatizado e, atrás, galpão aberto, 103

— Galpão fechado – notar que não possui janelas, 103

— Galpão fechado de duas águas – Paredes de plástico – Telhado de material ondulado – Janelões de material plástico e que podem ser abertos para ventilação e controle de temperatura, 93

— Galpão fechado de duas águas e de parede de alvenaria – Telhas onduladas – Janelões de tela de malha fina, 93

— Galpão fechado, de uma só água – Cortinas para controle de temperatura, 94

— Galpão pequeno, de uma só água – Telhas onduladas – Tela de malha fina – Parede de alvenaria ou outro material opaco – Porta de madeira, 94

— Gânglio nervoso, 34

— Gros-gris visto de cima, 18

— Helix pomatia ou Bourgogne, 16

— Identificação – Etiqueta colorida com ou sem números, 72

— Identificação – Etiquetas com números, 72

— Identificação – Números, 72

— Ninho em copo de vidro (ovos de Helix sp), 17

— Outro tipo de criadeira para escargots, 104

— Outro tipo de criadeira, sem pés, 106

— Painéis para o refúgio e coleta de escargots, 100

— Parque criatório de Helis sp, 78

— Parque criatório irrigado, 60

— Parque de criação – As plaquetas de cimento (formando as passagens), o encanamento e os chuveirinhos, 84

— Parque para criação de escargots, 89

— Parques criatórios com irrigação por aspersão, 142

- Parques criatórios com proteção de inverno, 98
- Parques criatórios, 130
- Parques e galpões de criação, 138
- Refúgio para escargots, 90
- Sistema em "estufa" francês, 74
- Sistema nervoso dos escargots, 34
- Superfície da rádula com sua camada córnea e cheia de dentes, 30
- Tipos de dispositivos antifugas mecânicos, de um só lado, para a parte superior de cercas altas ou baixas, 81
- Torniquete para aspersão da água, 85
- Viveiro com tela de sombrite no teto e laterais, 78
- Viveiro de aclimatação e quarentena, 75

ÍNDICE ALFABÉTICO-REMISSIVO

Ácaros, 11

Acasalamento, 111

Acasalamentos ou da reprodução, época dos, 111

Achatina monochromatica, 59

Aeração, 105

Água e sua distribuição, 84

Água, 67

Água, fosso de, 83

Alicerces, 101

Alimentação prática dos *escargots*, 126

Alimentação, 67, 123

Alimentação, fator, 118

Alimentar, conversão, 118

Alimentos aromáticos, 128

Alimentos para os *escargots*, 124

Alimentos, distribuição dos, 128

Altitude, 67

Ambiente, fator, 118

Anatomia, 21

Animal, fator, 118

Antifuga, dispositivos, 83

Aparelho circulatório, 31

Aparelho digestivo, 29

Aparelho excretor ou urinário, 33

Aparelho reprodutor, 35, 49

Aparelho respiratório, 31

Ar, 66

Área ou tamanho dos parques, 77

Aromáticos, alimentos, 128

Audição, 41

Bandejas de postura, 120

Bebedouros, 88

Bebedouro de nível constante, 88

Bebedouro tipo gota-a-gota, 88

Cabeça, 24

Caracóis, 18

Caramujos, 18

Carne dos escargots, 145

Cercas, 79

Chocadeira, 120

Circulação, 39

Circulatório, aparelho, 31

Clima, 63

Coberturas, estrutura ou engradamento das, 100

Coleta dos ovos, 120

Coleta, painéis de, 120

Colunas de sustentação ou esteios, 100

Comedouros, 86

Comercialização dos escargots, 143

Como cozinhar os *escargots*, 146

Como preparar *escargots* para consumo, 146

Como preparar os *escargots* para a venda – "na manteiga", 147

Competidores, 131, 132

Competidores, aves, 133

Competidores, insetos, 133

Competidores, mamíferos, 133

Competidores, moluscos, 133

Compradores para *escargots* no Brasil, 144

Concentrados, 127

Concha, 25

Concha, estrutura da, 25

Conquiliologia, 15

Construções, 95

Consumo atual, 51

Controle da temperatura, 102

Controle e registro no heliário, 69

Conversão alimentar, 118

Corpo, divisão do, 23

Corredores de serviço dentro dos parques, 86

Corredores, 101

Crescimento, 117

Criação em galpões, 91

Criação, quanto ao volume, 55

Criação, ao ar livre, 62

Criação, em galpão, 62

Criação, escolha do escargot para a, 57

Criação, extensivo ou em liberdade, 61

Criação, fatores a serem levados em consideração, 56

Criação, intensivo, confinado ou racional, 62

Criação, quanto ao tipo, 55

Criação, sistemas de, 61

Criação, tipos de, 55

Criadeiras, 121

Desenvolvimento, 117

ÍNDICE ALFABÉTICO-REMISSIVO

Desinfestação, 136

Diferenças entre diversos escargots, 47

Diferenças internas dos *escargots*, 48

Diferenças, resumo das, 49

Digestão, 42

Digestivo, aparelho, 29

Dípteros, 141

Dispositivos antifuga, 83

Dispositivo antifuga mecânico, 83

Dispositivos antifuga elétricos, 83

Distribuição dos alimentos, 128

Divisão do corpo, 23

Doença da postura rosa, 140

Doenças dos escargots, 139

Eclosão, 116

Época dos acasalamentos ou da reprodução, 111

Escacalar, mania de fugir ou, 82

Escargots mais consumidos atualmente, 51

Escolha do escargot para a criação, 57

Esterilização, 136

Estrutura da concha, 25

Estrutura ou engradamento das coberturas, 100

Estufas, 107

Excreção, 40

Excretor ou urinário, aparelho, 33

Fator alimentação, 118

Fator ambiente, 118

Fator animal, 118

Fecundação, 112

Fecundidade, 116

Fertilidade, 116

Fichas para controle de lote e fichas individuais, 69

Fim de hibernação, 45

Fisiologia, 39

Formas de comercialização, 143

Fosso de água, 83

Fugir, mania de escalar ou de 82

Galpão, temperatura no, 101

Galpões abertos, 96

Galpões fechados, 95

Galpões, ampliação, 96

Galpões, capacidade, 96

Galpões, coberturas, 97

Galpões, criação em, 91

Galpões, materiais, 97

Gosto, 41

Heliário, controle e registro no, 69

Heliário, fator legal, 63

Heliário, implantação do, 63

Heliário, material empregado no, 85

Helix adanensis (de adana), 48

Helix aspersa (Petit gris), 47

Helix aspersa maxima, 47

Helix aspersa, 58
Helix cincta, 48
Helix lucorum (turco), 48
Helix pomatia (*burgogne*), 47
Helix pomatia, 58
Helix, 26
Hibernação, 43
Hibernação, fim da, 45
Higiêne, 135
Idade para a reprodução, 111
Identificação, métodos de, 71
Identificação, métodos de, cor, 71
Identificação, métodos de, etiqueta adesiva, 71
Identificação, métodos de, marcação à tinta, 71
Identificação, métodos de, método misto, 72
Iluminação, 105
Implantação do heliário, 63
Incubação, 115
Incubadora, 120
Instalações, 73
Instalações, tipos de, 74
Lesmas, 18
Limpeza, 135
Luz, 66
Malacologia, 15
Manejo para a reprodução, 119
Mangedouras, 89

Mania de escalar ou de fugir, 82
Matas, 68
Material empregado no heliário, 85
Mercados, possibilidades de, 68
Métodos de identificação, 71
Moluscos, 15
Moluscos, classificação dos, 19
Nematóides, 141
Nervoso, sistema, 33
Número de *escargots* por metro quadrado, 76
Número de ovos, 115
Nutrição e digestação, 42
Obtenção do verde, 126
Operculação, 44
Órgãos, os sentidos e seus 35
Ovos, 115
Ovos, coleta dos, 120
Painéis de coleta, 120
Parasitas, 140
Parasitoses, 140
Paredes, 101
Parques para o *Petit gris*, 78
Pé, 24
Petit gris ao molho, 147
Pisos, 101
Plantas venenosas ou tóxicas, 128
Poluição, 67
Portas, 101
Possibilidades de mercados, 68

Postura rosa, doença da, 140

Postura, 114

Postura, bandejas de, 120

Predadores, 131

Predadores, anfíbios, 132

Predadores, aves, 132

Predadores, insetos, 132

Predadores, mamíferos, 132

Predadores, répteis, 11

Prevenção, 135

Produção de escargots, 53

Prolificidade, 116

Pseudomonose, 139

Ração de manutenção, conservação ou fisiológica, 125

Ração de produção ou industrial, 125

Ração, 124

Rádula, 48

Redes ou telas de cobertura, 82

Regime pluviométrico, 64

Rendimento líquido de carne, 148

Reprodução de escargots, 109

Reprodução, época dos acasalamentos ou da, 111

Reprodução, idade para a, 111

Reprodução, manejo para a, 119

Reprodutor, aparelho, 35

Reprodutor, aparelho, 49

Reprodutores, 119

Respiração, 40

Respiratório, aparelho, 31

Resumo das diferenças, 49

Seleção, 110

Sentidos e seus órgãos, 35

Sentidos, 40

Sistema nervoso, 33

Sistemas de criação, 61

Solo, 79

Tamanho ou área dos parques, 77

Tato, 41

Tegumento, 21

Telas ou redes de cobertura, 82

Telhados, tipos ou perfis dos, 100

Temperatura no galpão, 101

Temperatura, 64

Temperatura, controle da, 102

Terra, 107

Terreno, 68

Tipos de criação, 55

Tipos de instalações, 74

Tóxicas, plantas venenosas ou, 128

Trematóides, 140

Umidade, 64, 105

Venenosas ou tóxicas, plantas, 128

Ventilação, 105

Ventos, 66

Verde, obtenção do, 126

Vermes, 140

IMPRESSÃO E ACABAMENTO:
YANGRAF Fone/Fax: 6198.1788